一看就懂的圖解物理

3 功與機械

中國科學院物理專家 周士兵 著
星蔚時代 繪

新雅文化事業有限公司
www.sunya.com.hk

一看就懂的圖解物理③
功與機械
作　　者：周士兵
繪　　圖：星蔚時代
責任編輯：劉慧燕
美術設計：劉麗萍
出　　版：新雅文化事業有限公司
香港英皇道 499 號北角工業大廈 18 樓
電話：(852) 2138 7998
傳真：(852) 2597 4003
網址：http://www.sunya.com.hk
電郵：marketing@sunya.com.hk
發　　行：香港聯合書刊物流有限公司
香港荃灣德士古道 220-248 號荃灣工業中心 16 樓
電話：(852) 2150 2100
傳真：(852) 2407 3062
電郵：info@suplogistics.com.hk
印　　刷：中華商務彩色印刷有限公司
香港新界大埔汀麗路 36 號
版　　次：二〇二四年五月初版

ISBN：978-962-08-8350-7

18/F, North Point Industrial Building, 499 King's Road, Hong Kong
Published in Hong Kong SAR, China
Printed in China

目錄

功與機械

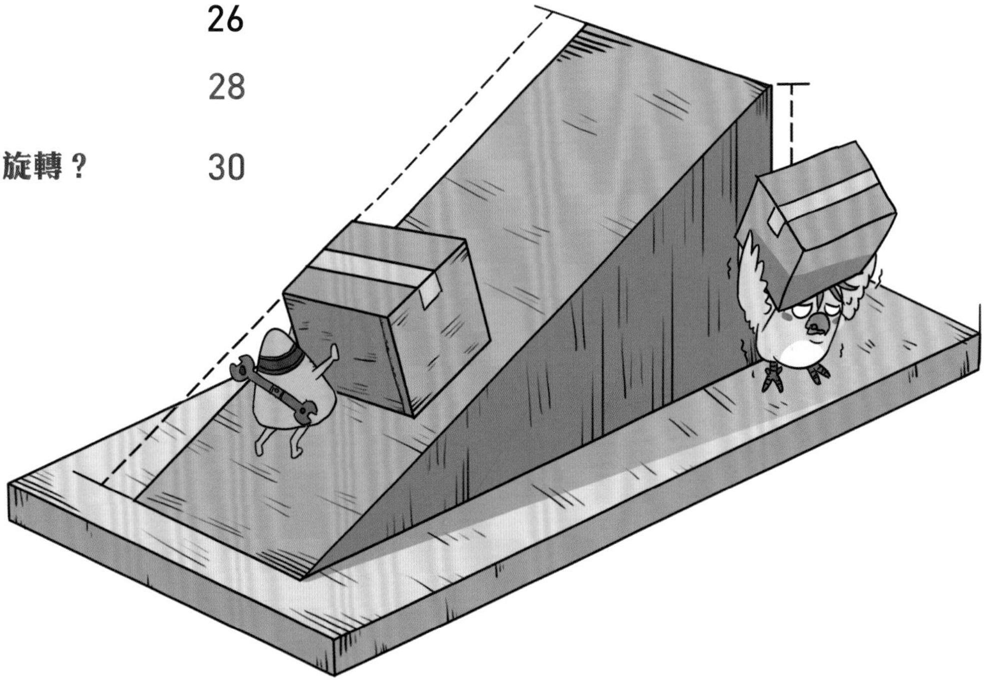

功與機械

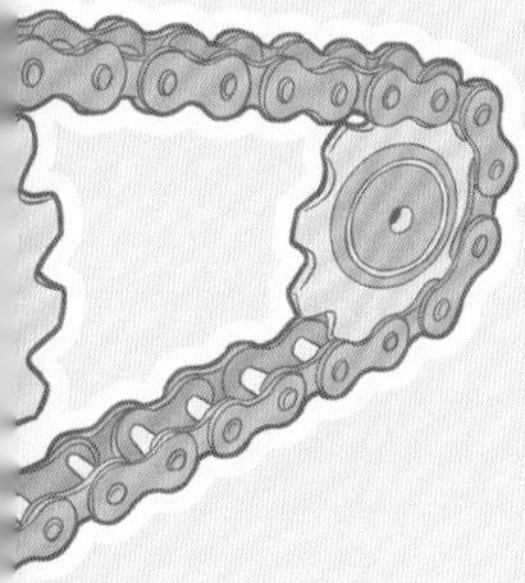

人類利用各式各樣的機械完成了數不清的工作。這些機械有的十分複雜，由成千上萬個零件組成；有的又很簡單，甚至沒有一處可以活動的零件。人們是如何設計出這些機械，又如何衡量它們工作的成果呢？在物理的世界中，計算工作可不是簡單看誰在「努力地幹活」，而是去衡量所作的「功」。了解了功是什麼，你就能通過不一樣的視角去理解機械的原理，發現物理在生活應用上的奇妙之處。

衡量力的效果——功與功率

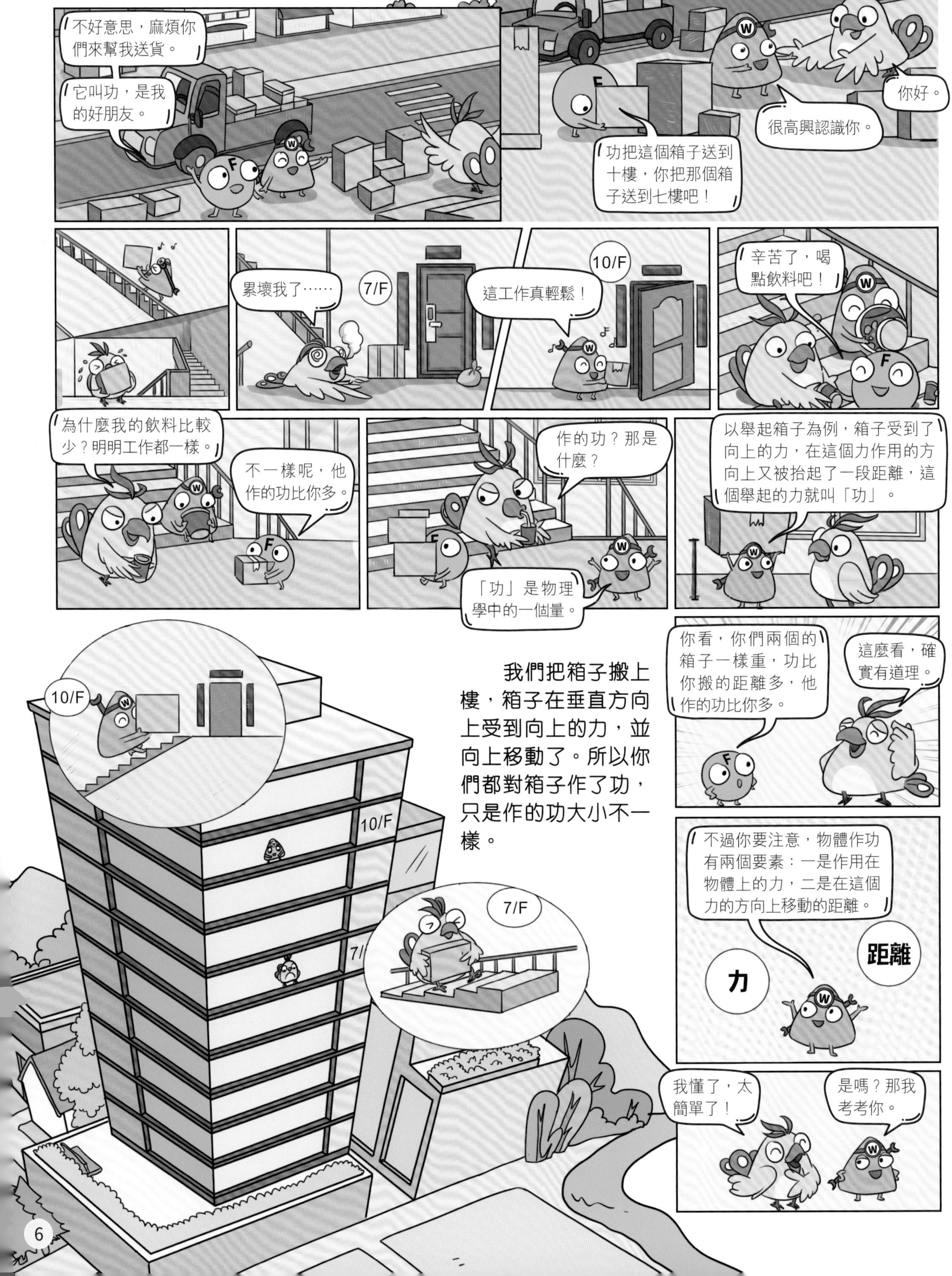

不好意思，麻煩你們來幫我送貨。
它叫功，是我的好朋友。
你好。
很高興認識你。
功把這個箱子送到十樓，你把那個箱子送到七樓吧！
7/F
累壞我了……
10/F
這工作真輕鬆！
辛苦了，喝點飲料吧！
為什麼我的飲料比較少？明明工作都一樣。
不一樣呢，他作的功比你多。
作的功？那是什麼？
「功」是物理學中的一個量。
以舉起箱子為例，箱子受到了向上的力，在這個力作用的方向上又被抬起了一段距離，這個舉起的力就叫「功」。
10/F
10/F
7/F
7/F
我們把箱子搬上樓，箱子在垂直方向上受到向上的力，並向上移動了。所以你們都對箱子作了功，只是作的功大小不一樣。
你看，你們兩個的箱子一樣重，功比你搬的距離多，他作的功比你多。
這麼看，確實有道理。
不過你要注意，物體作功有兩個要素：一是作用在物體上的力，二是在這個力的方向上移動的距離。
力
距離
我懂了，太簡單了！
是嗎？那我考考你。

你看這輛鏟車抬起箱子在水平地面上向前走，抬起箱子的力作功了嗎？
箱子移動了，應該作功了吧。
起點
哈哈，這就錯了，抬升箱子的力的方向是向上的，而箱子在向前移動，抬起箱子的力沒有作功啊！
其實是鏟車的推力讓箱子向前移動了，所以這裏作功的是向前的推力。
原來是這樣。
作用在物體上的力越大，物體在力的方向上移動的距離越大，力所作的功就越多。
W=Fs
在力學中，功等於力乘以物體在力的方向上移動的距離。
我們還可以對比作功的快慢，就像速度。是對比一段時間裏作功的量。
你看，我們乘升降機上樓，到十五樓的時間，爬樓梯可能才到二樓，升降機的功率大多了吧！
還是機械厲害啊！
咦？有升降機，你為什麼一開始不告訴我們？
我忘記了！

動與不動的能量——機械能

哇！水力發電站的水壩太壯觀了！這麼多水傾瀉下來，看起來好有力量啊！
不光是看起來，這些水確實有巨大的能量。在水壩下面，它們推動的發電機渦輪比巴士還大呢！
記得我們説的作功嗎？物體能夠對外作功，比如水推動了渦輪，我們就説物體具有能量。
能量？水具有什麼能量呢？它只是待在那兒，也沒幹什麼呀？
你看，我拿着的這顆鐵球也是具有能量的。
我鬆手後，鐵球能砸入沙地，對沙地作功，鐵球就具有能量。
當物體處在高處，它就具有一種能，叫「重力勢能」。高度越高，重力勢能就越大。
而且質量越大的物體，重力勢能也越大。
咳咳，確實能量更大了。
水庫
水壩
發電機
攔污欄
進水閘門
輸電塔
我們在建水力發電站的地方修建水壩，就是要把水位抬高，使水的重力勢能增大。
這麼多水，這裏的能量一定很驚人！

除了重力勢能，還有什麼靜止的能量嗎？
當然有，比較常見的一種就是「彈性勢能」。
發生變形的彈簧可以把你彈出去，對你作功，説明它也具有能量。
物體由於彈性形變而具有的能量，叫「彈性勢能」。
物體的彈性形變越大，彈性勢能也越強。
哇！
不動的勢能説了兩種，再告訴你一種動起來的能量——動能吧！
運動中的保齡球可以把瓶子撞動，所以運動的物體也具有能量。
質量越大、速度越快的物體，動能越大。
我懂了，因為大貨車質量大，如果速度快的話，動能大，出現事故後的破壞力就更強了。
100
100
80
應急
一些道路會對大型車輛與私家車設有不同的車速限制，因為它們可以產生的動能不同。
你説得對！我們把動能和勢能都叫作「機械能」。我們去走走，你會看到很多地方都應用了機械能的知識呢！

動靜結合的遊樂場，巧妙利用機械能

過山車

過山車的速度時快時慢，你發現其中的規律了嗎？當高度增加時，車速就會變慢，因為動能轉變成了重力勢能；而高度降低時速度變快，因為重力勢能又轉化成了動能。

過山車後面經過的迴環和坡道，都不會高於最開始的陡坡，否則它就會因為沒有足夠的能量而停下來。

小知識

大量的實驗表明，勢能與動能轉化過程中，機械能的總量是不變的。所以海盜船在沒有外力干預的情況下，不會擺動得比初始最高點更高。

海盜船

海盜船在向高處擺動時積累重力勢能，向低處擺動時，重力勢能轉化為動能。

當從最低點向高點擺動時，動能又轉化為重力勢能，所以海盜船速度越來越慢。

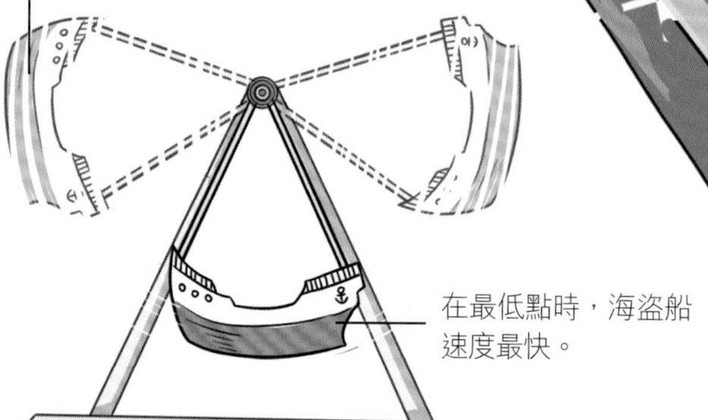

在最低點時，海盜船速度最快。

你注意到過山車最開始總會爬上一個很高的陡坡嗎？這是為了增加車輛的重力勢能，讓過山車可以通過後面的軌道。
我本來以為爬這麼高只是為了嚇唬我，但是知道了原理還是很可怕。
爬上更高的滑梯就能滑得更遠，因為高度越高，重力勢能越大。
當孩子們在爬上充氣城堡時，就在積累重力勢能。
用玩具槍發射軟木塞，軟木塞在飛行中具有動能，所以在擊中靶子時可以把它打倒。

彈牀

玩跳彈牀的過程中，彈性勢能轉化為動能，然後又轉化為重力勢能，落下時又轉化回來，如此往復。

彈簧的彈性勢能可以幫助彈跳的人跳得更高。

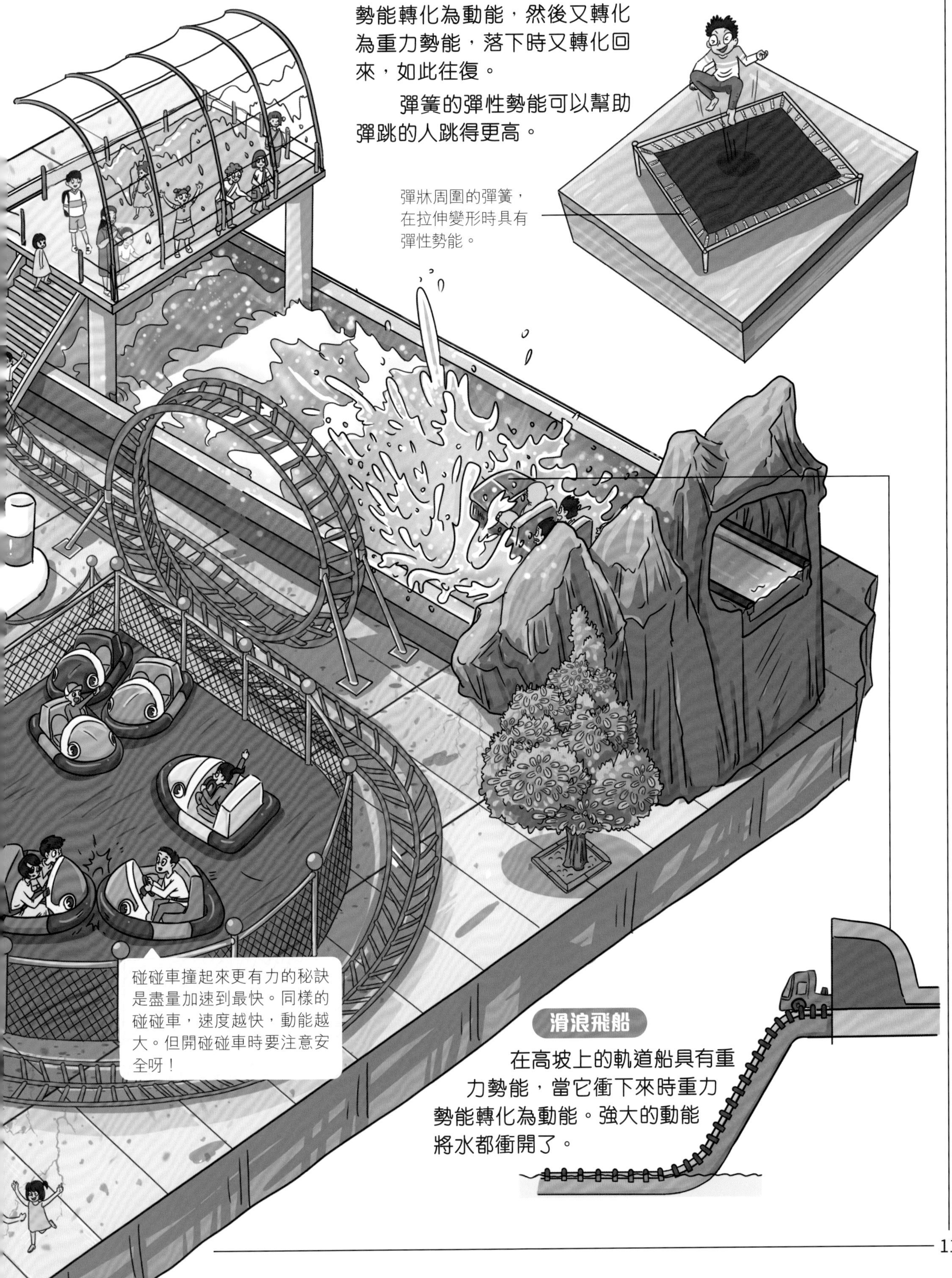

彈牀周圍的彈簧，在拉伸變形時具有彈性勢能。
碰碰車撞起來更有力的秘訣是盡量加速到最快。同樣的碰碰車，速度越快，動能越大。但開碰碰車時要注意安全呀！

滑浪飛船

在高坡上的軌道船具有重力勢能，當它衝下來時重力勢能轉化為動能。強大的動能將水都衝開了。

一根桿子撬地球——槓桿
太重了，抬不動啊……
你為何和這個箱子比力氣呢？
我的錢包在下面，拿不出來了。
交給我們吧，馬上幫你撿出來。
這些東西就夠了吧……
把它放在這裏。
你的力氣真比我大多了。
給你，這次拿好了。
我其實沒用多少力，這都是槓桿的功勞。
槓桿是什麼？
它是一種簡單的機械，有很多方便的用法。
一根硬棒在力的作用下，能繞着固定的支點轉動，就可以叫「槓桿」。
這麼簡單就能把抬起箱子的力變小了？
力
支點
可以轉動

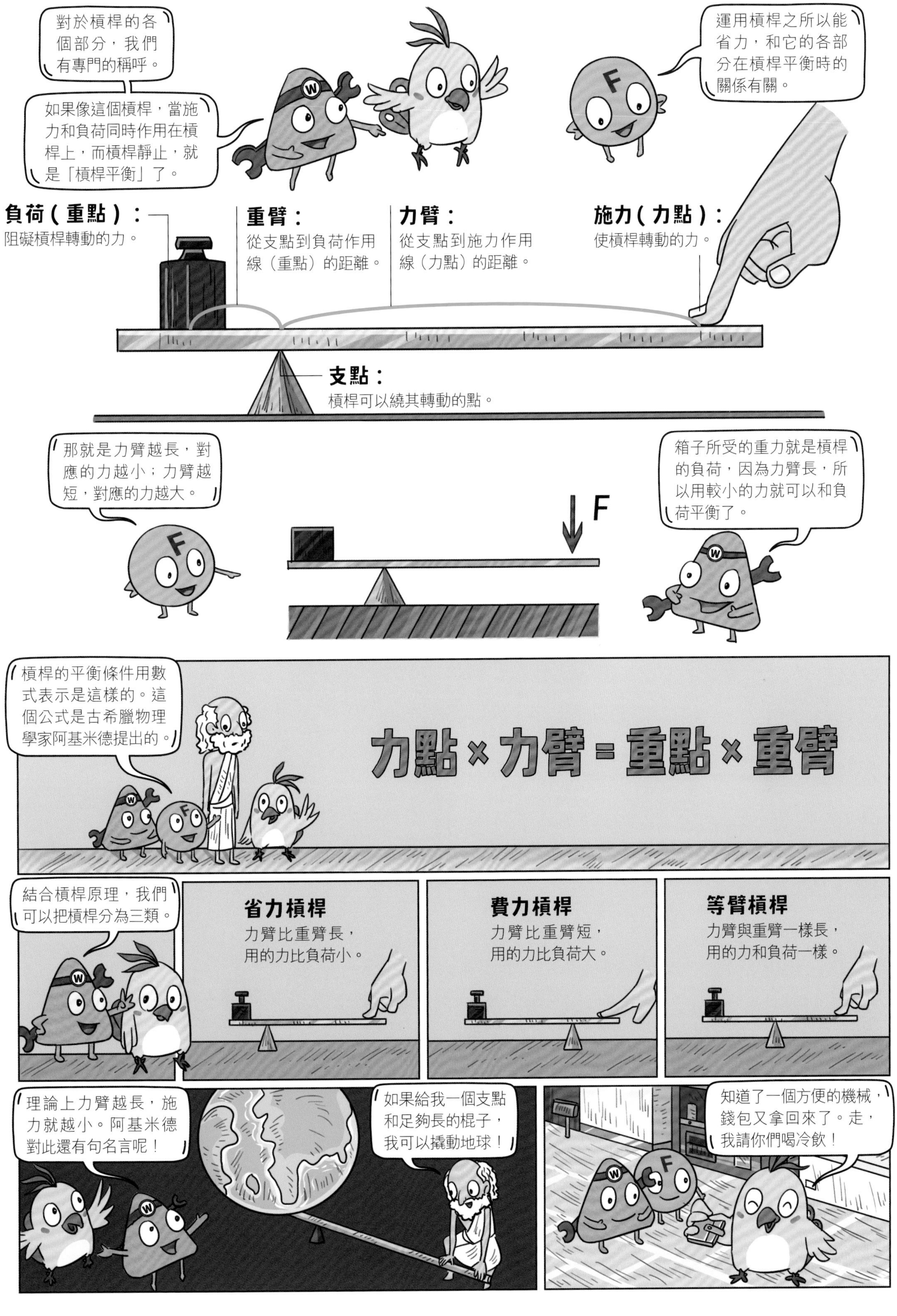

對於槓桿的各個部分，我們有專門的稱呼。
如果像這個槓桿，當施力和負荷同時作用在槓桿上，而槓桿靜止，就是「槓桿平衡」了。
運用槓桿之所以能省力，和它的各部分在槓桿平衡時的關係有關。
負荷（重點）：阻礙槓桿轉動的力。
重臂：從支點到負荷作用線（重點）的距離。
力臂：從支點到施力作用線（力點）的距離。
施力（力點）：使槓桿轉動的力。
支點：槓桿可以繞其轉動的點。
那就是力臂越長，對應的力越小；力臂越短，對應的力越大。
F
箱子所受的重力就是槓桿的負荷，因為力臂長，所以用較小的力就可以和負荷平衡了。
槓桿的平衡條件用數式表示是這樣的。這個公式是古希臘物理學家阿基米德提出的。
力點×力臂＝重點×重臂
結合槓桿原理，我們可以把槓桿分為三類。
省力槓桿
力臂比重臂長，用的力比負荷小。
費力槓桿
力臂比重臂短，用的力比負荷大。
等臂槓桿
力臂與重臂一樣長，用的力和負荷一樣。
理論上力臂越長，施力就越小。阿基米德對此還有句名言呢！
如果給我一個支點和足夠長的棍子，我可以撬動地球！
知道了一個方便的機械，錢包又拿回來了。走，我請你們喝冷飲！

長長短短，隨處可見的槓桿應用

槓桿是人類使用最早、用途最廣泛的簡單機械。如果你在生活中仔細觀察、分析，會處處發現槓桿的身影。

現在你可以用槓桿原理分析一下它們的力點（施力）還有重點（負荷/受力點），看看它們都屬於哪一類槓桿。

仔細觀察撬棍的支點、力點和重點，它們其實並不在同一直線上，這種改變形狀的槓桿依然符合槓桿原理。
力點
重點
支點
重點
支點
力點
我們常用的剪刀應用了槓桿原理，剪刀相當於將兩個槓桿接在一個支點上。使用時，重臂互相靠近，用刀刃剪斷東西。
公園
撬棍是省力槓桿。
你看，支點不一定會在重點和力點中間。手推車的重點與力點都在支點的一側。
這輛手推車是省力槓桿，可以讓工人更輕鬆地搬運貨物。
啊，還以為是條大魚！
船槳的重臂比力臂長，它是一個費力槓桿。
力點
支點
重點
因為船的空間有限，力臂不會太長，而且重臂較長，可以讓船槳在水中划動更長的距離，一次划動能讓船走得更遠。用省力槓桿還是費力槓桿也要考慮到具體的需求。
為什麼不用省力槓桿呢？省力不好嗎？
釣魚收竿的時候，魚竿底端抵住身體形成支點，一隻手為力點，魚竿前端被線拉扯為重點，是個費力槓桿。

塔式起重機（俗稱天秤）需要很長的吊臂，以便安裝滑軌讓吊鈎在大範圍內工作。
塔式起重機的另一端不需要過長，避免浪費空間及限制天秤的轉動範圍。只需在末端加上配重，天秤作為一個槓桿就前後平衡了，即使兩端一長一短也不會傾覆。
蹺蹺板是最常見的等臂槓桿，坐在兩邊、體重差不多的孩子可以輕鬆地撬起對方。
大人比小孩重得多，如果想和孩子一起玩，便要向前坐，縮短自己的力臂，才能使兩邊平衡。
哎呀，跑掉了！
開瓶器是一個省力槓桿，它的重點和力點都在支點的一端。
支點
力點
重點
兄弟們再加把勁！
很多古代文獻都曾提及用槓桿類工具進行施工的情景，在缺乏大型機械的時代，人們用這些簡單機械建造了很多宏偉的建築。

旋轉的「槓桿」——輪軸

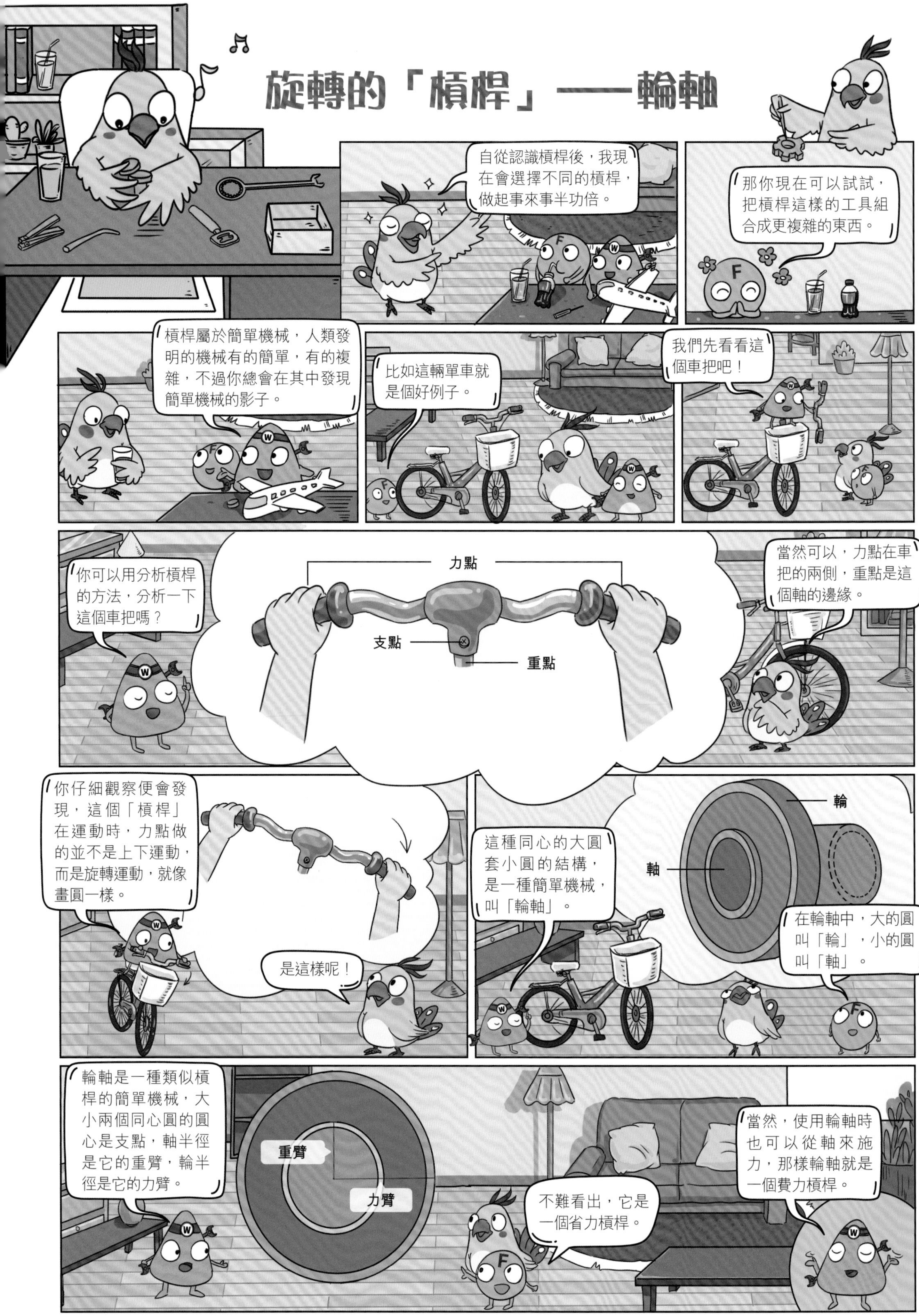

自從認識槓桿後，我現在會選擇不同的槓桿，做起事來事半功倍。
那你現在可以試試，把槓桿這樣的工具組合成更複雜的東西。
槓桿屬於簡單機械，人類發明的機械有的簡單，有的複雜，不過你總會在其中發現簡單機械的影子。
比如這輛單車就是個好例子。
我們先看看這個車把吧！
你可以用分析槓桿的方法，分析一下這個車把嗎？
力點
支點
重點
當然可以，力點在車把的兩側，重點是這個軸的邊緣。
你仔細觀察便會發現，這個「槓桿」在運動時，力點做的並不是上下運動，而是旋轉運動，就像畫圓一樣。
是這樣呢！
這種同心的大圓套小圓的結構，是一種簡單機械，叫「輪軸」。
輪
軸
在輪軸中，大的圓叫「輪」，小的圓叫「軸」。
輪軸是一種類似槓桿的簡單機械，大小兩個同心圓的圓心是支點，軸半徑是它的重臂，輪半徑是它的力臂。
重臂
力臂
不難看出，它是一個省力槓桿。
當然，使用輪軸時也可以從軸來施力，那樣輪軸就是一個費力槓桿。

為什麼要把槓桿做成這種形狀呢？
好處可多了！比如，在手把上，我們的雙手可以從兩邊同時用力，更加方便高效。
做成輪的話，更可以在輪的任意位置上施力。
像方向盤嗎？確實很好用呢！
是的。

我們還可以把多個輪固定在一個軸上，這樣通過軸或其中一個輪施力，就可以把力作用到多個輪上。

還有一個好處是，利用槓桿的平衡條件，人們只要計算調整輪軸之間的半徑比例，就可以調整力的輸送大小，這對於工業應用很重要。

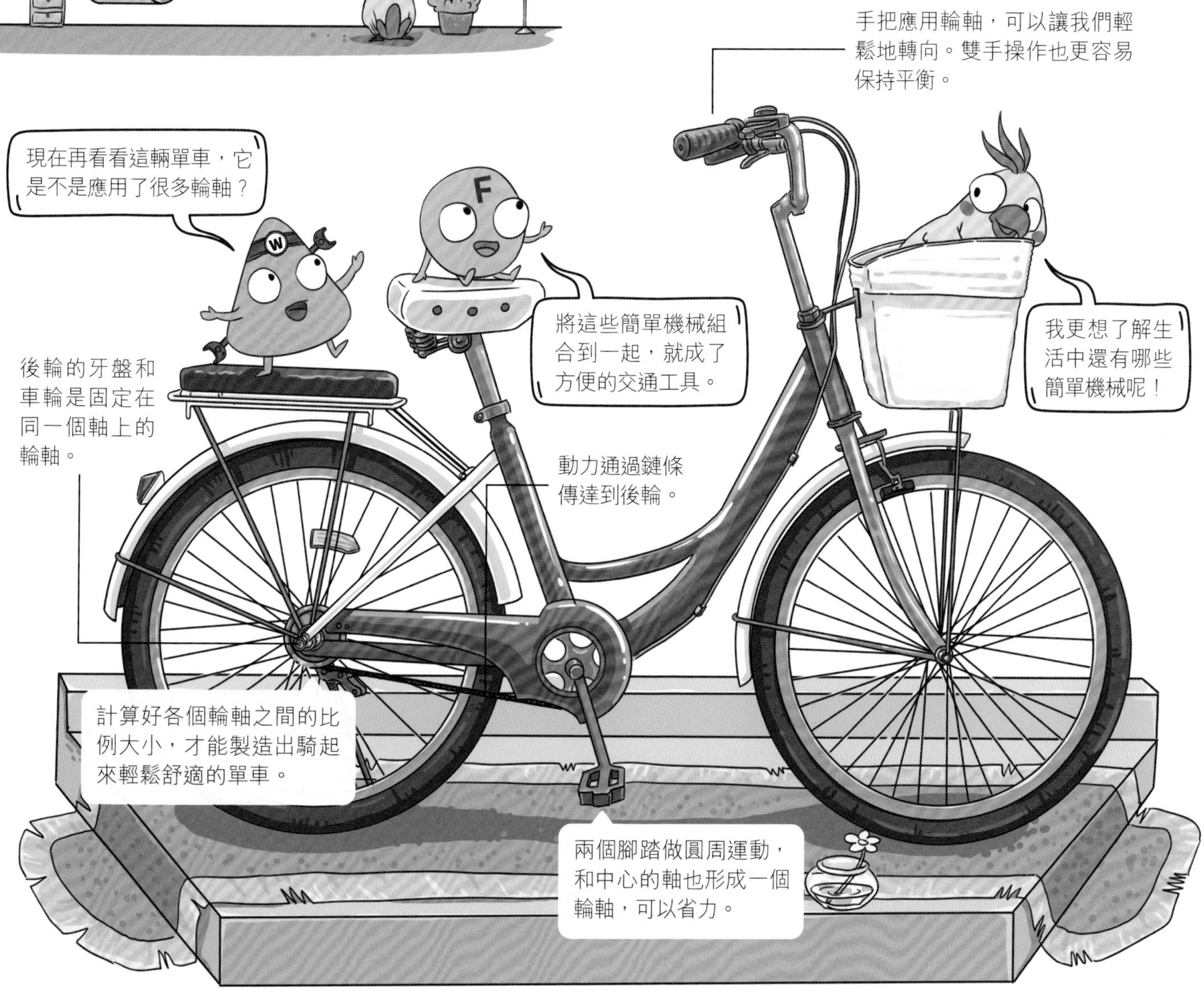
手把應用輪軸，可以讓我們輕鬆地轉向。雙手操作也更容易保持平衡。
現在再看看這輛單車，它是不是應用了很多輪軸？
將這些簡單機械組合到一起，就成了方便的交通工具。
我更想了解生活中還有哪些簡單機械呢！
後輪的牙盤和車輪是固定在同一個軸上的輪軸。
動力通過鏈條傳達到後輪。
計算好各個輪軸之間的比例大小，才能製造出騎起來輕鬆舒適的單車。
兩個腳踏做圓周運動，和中心的軸也形成一個輪軸，可以省力。

轉起來更省力，生活中的輪軸

輪軸是最早被人們使用的簡單機械之一，隨便在身邊看一看，你也許就能找到關於輪軸的應用。不過輪軸並不只是那些一眼就能認出的輪子和圓盤，透過外觀去思考一下一些常見工具應用的原理，你會發現很多造型特殊的工具其實也是輪軸呢！

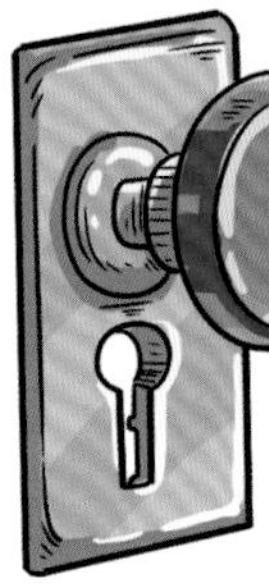

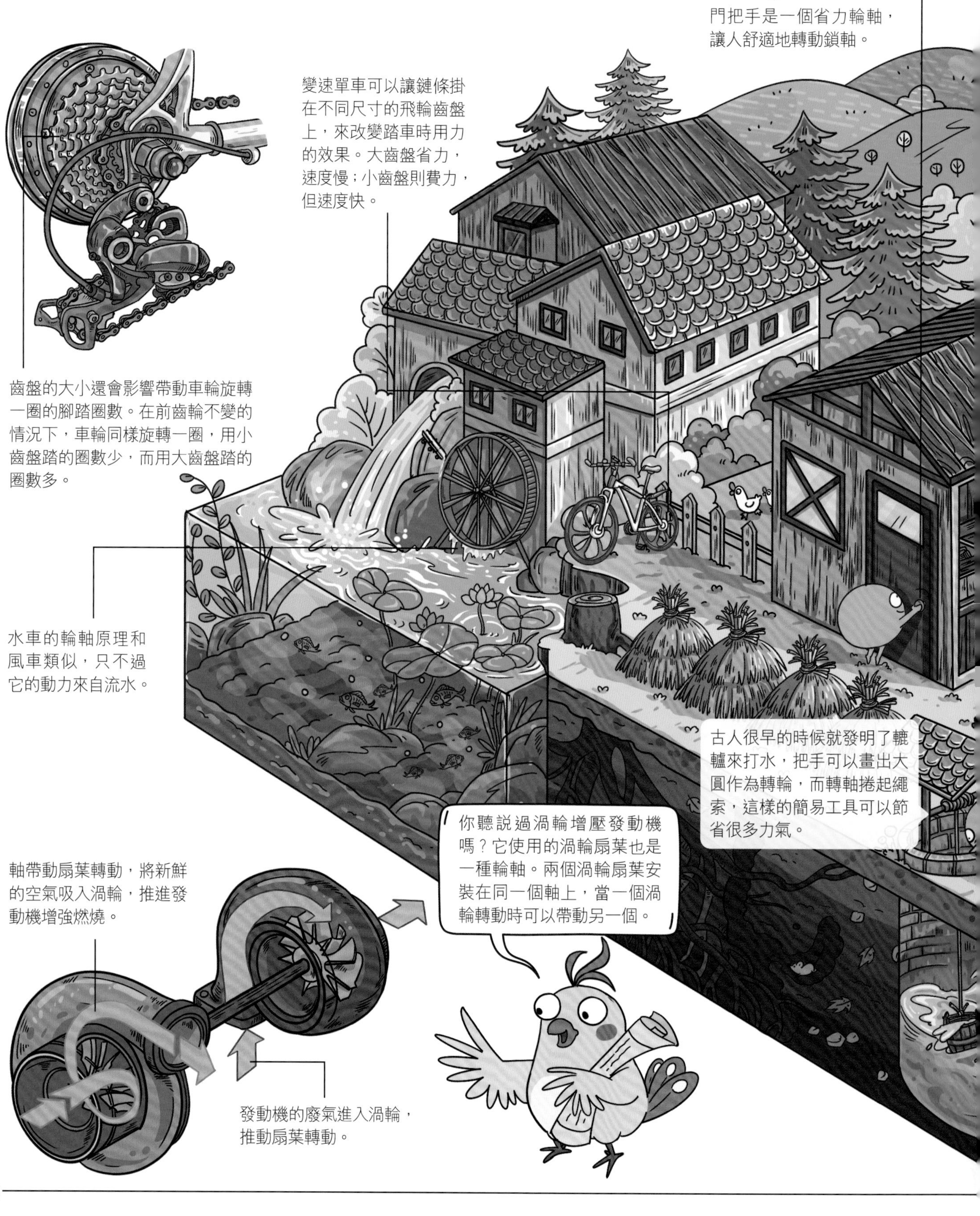

門把手是一個省力輪軸，讓人舒適地轉動鎖軸。
變速單車可以讓鏈條掛在不同尺寸的飛輪齒盤上，來改變踏車時用力的效果。大齒盤省力，速度慢；小齒盤則費力，但速度快。
齒盤的大小還會影響帶動車輪旋轉一圈的腳踏圈數。在前齒輪不變的情況下，車輪同樣旋轉一圈，用小齒盤踏的圈數少，而用大齒盤踏的圈數多。
水車的輪軸原理和風車類似，只不過它的動力來自流水。
古人很早的時候就發明了轆轤來打水，把手可以畫出大圓作為轉輪，而轉軸捲起繩索，這樣的簡易工具可以節省很多力氣。
你聽說過渦輪增壓發動機嗎？它使用的渦輪扇葉也是一種輪軸。兩個渦輪扇葉安裝在同一個軸上，當一個渦輪轉動時可以帶動另一個。
軸帶動扇葉轉動，將新鮮的空氣吸入渦輪，推進發動機增強燃燒。
發動機的廢氣進入渦輪，推動扇葉轉動。

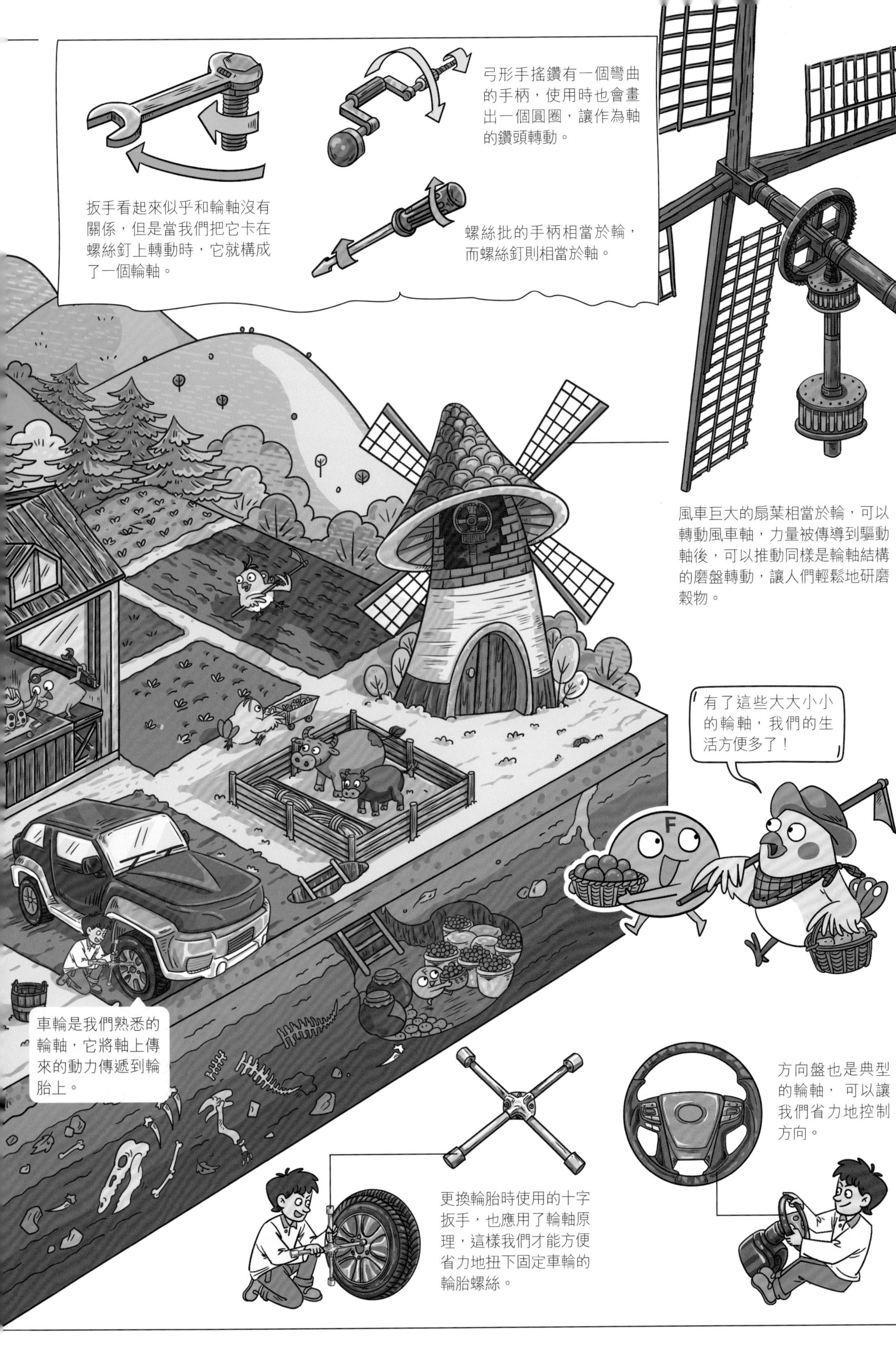
扳手看起來似乎和輪軸沒有關係，但是當我們把它卡在螺絲釘上轉動時，它就構成了一個輪軸。
弓形手搖鑽有一個彎曲的手柄，使用時也會畫出一個圓圈，讓作為軸的鑽頭轉動。
螺絲批的手柄相當於輪，而螺絲釘則相當於軸。
風車巨大的扇葉相當於輪，可以轉動風車軸，力量被傳導到驅動軸後，可以推動同樣是輪軸結構的磨盤轉動，讓人們輕鬆地研磨穀物。
有了這些大大小小的輪軸，我們的生活方便多了！
車輪是我們熟悉的輪軸，它將軸上傳來的動力傳遞到輪胎上。
方向盤也是典型的輪軸，可以讓我們省力地控制方向。
更換輪胎時使用的十字扳手，也應用了輪軸原理，這樣我們才能方便省力地扭下固定車輪的輪胎螺絲。

小小輪子改變力——滑輪

啊？進不去……這怎麼辦呢？
有了！從窗戶送進去。
我的肚子……這也太難用力了！
這個誇張的雕塑是什麼？為什麼放在這兒？
我覺得好玩，訂做了一個雕塑，但現在卻搬不進屋裏。用繩子吊太吃力了！
原來如此，那就交給我吧！
叮叮噹噹
我加了一個滑輪，會方便很多。
滑輪？那是什麼？
周邊有槽，能繞軸轉動的小輪叫「滑輪」。而這種軸固定不動的，叫「定滑輪」。
定滑輪可以改變用力的方向，你把繩子穿過它，就不用去樓上拉，只要在地面上向下用力就好了。
這樣確實順手多了。
加油！
這個雕塑也太重了……
用力啊！
不行，我放棄了，拉不動了。
你再等一下，我還有辦法。

這裏穿過去……
再加固一下……
叮叮
噹噹
完成啦！
不就是又加了一個滑輪嗎？
你試試看嘛！
哈哈，這就是滑輪的作用。
哇，輕鬆了好多啊！
為什麼這次輕鬆得多呢？
因為這次應用滑輪的方式不同，這個滑輪會和雕塑一起移動，它是「動滑輪」。
我們只看動滑輪的部分就是這樣的。
它有兩根繩子承受下面重物的重量，所以我們拉動其中一根繩子把重物提起，不考慮滑輪自身的重量等因素，只需要原來一半的力就可以了。
不過，使用動滑輪時雖然用的力變小了，但是如果拉動相同長度的繩子，重物上升的距離也變短了。
所以想要把物體拉到用定滑輪一樣的高度，需要拉更長的距離。
再看這個滑輪組，下面的動滑輪上一共有三根繩子來承受重量，它所需要的拉力就變得更小了，只有原來的三分之一。
不過，相應地，想要把重物拉到一樣的高度，就需要拉出原來三倍的距離。
明白力與距離的關係，使用時就要考慮自己的需求了。
滑輪也是一種簡單機械，根據需求可以方便地組合，這樣你就能調整用力的方向和所需力的大小了。
又學會了一招！

方便好用的滑輪組

滑輪是一種結構簡單又可以靈活組合的方便機械，日常生活中我們主要把它應用在提起重物上。它可以幫我們減少所需的力，也讓我們更方便地調整用力的方向。觀察生活中的滑輪，你能看出哪些是定滑輪，哪些是動滑輪嗎？它們又幫我們節省了多少力呢？

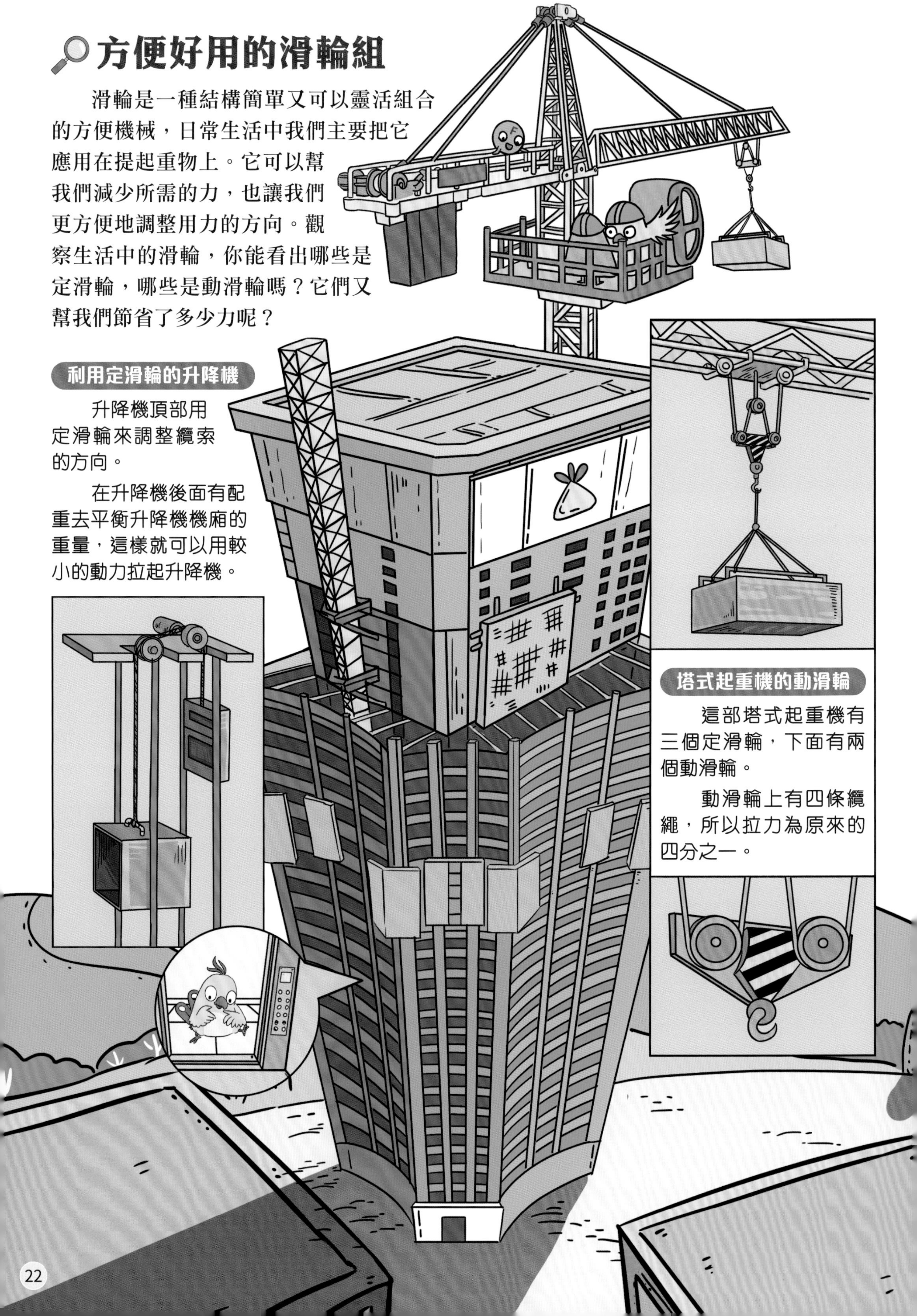

利用定滑輪的升降機

升降機頂部用定滑輪來調整纜索的方向。

在升降機後面有配重去平衡升降機機廂的重量，這樣就可以用較小的動力拉起升降機。

塔式起重機的動滑輪

這部塔式起重機有三個定滑輪，下面有兩個動滑輪。

動滑輪上有四條纜繩，所以拉力為原來的四分之一。

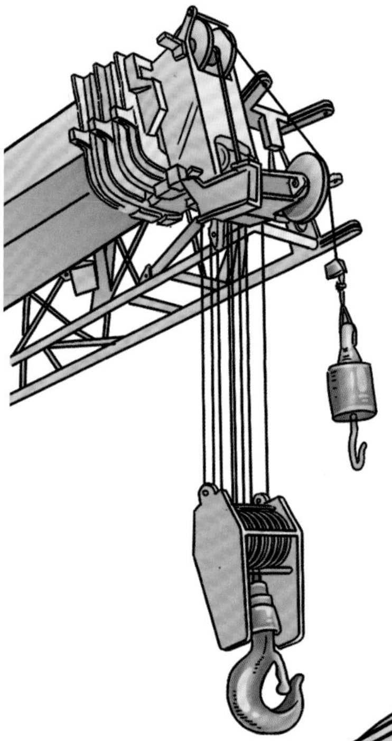

吊車上的滑輪組

吊車的前端是由滑輪組組成的。乍看上面有一個定滑輪連接着下面一個動滑輪。其實它是由很多滑輪並排在一起組成的滑輪組。

仔細看可以發現這裏其實有四個動滑輪，一共八段纜繩經過動滑輪來承擔重量，所以拉力為原來的八分之一。

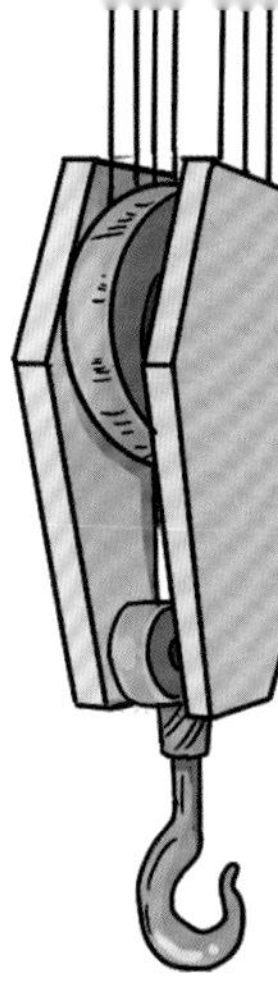

省力的晾衣架

晾衣架上有三個動滑輪，由六段繩索來承擔重量，拉力就變為原來的六分之一。

在天花板上固定有六個定滑輪，用來改變繩索和力的方向。

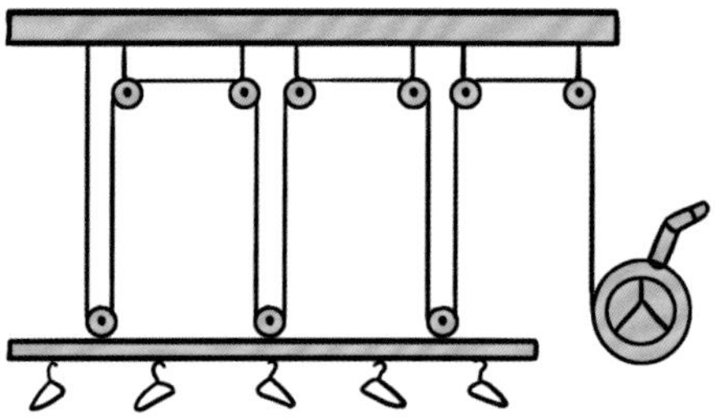

拉起晾衣架的把手採用輪軸結構，這樣可以更省力。而且因為使用滑輪組會增加繩索的長度，所以將繩索繞在輪軸上能節省空間。

有兩個定滑輪的運輸帶

運輸帶的兩端共有兩個定滑輪，改變運輸帶移動的方向。

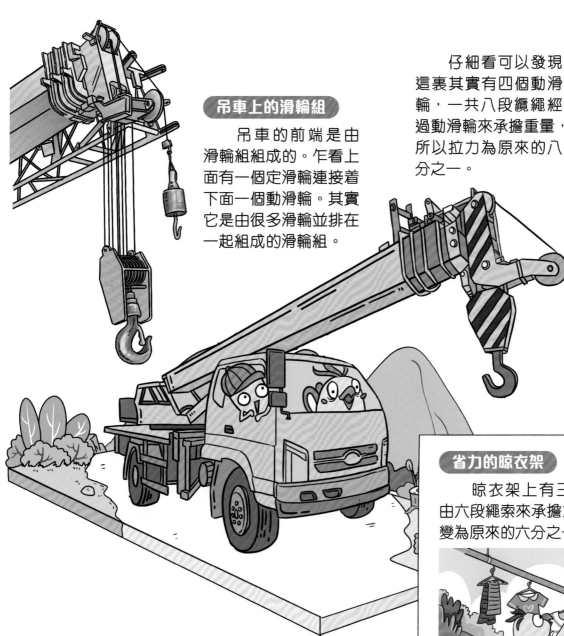

合理運用機械

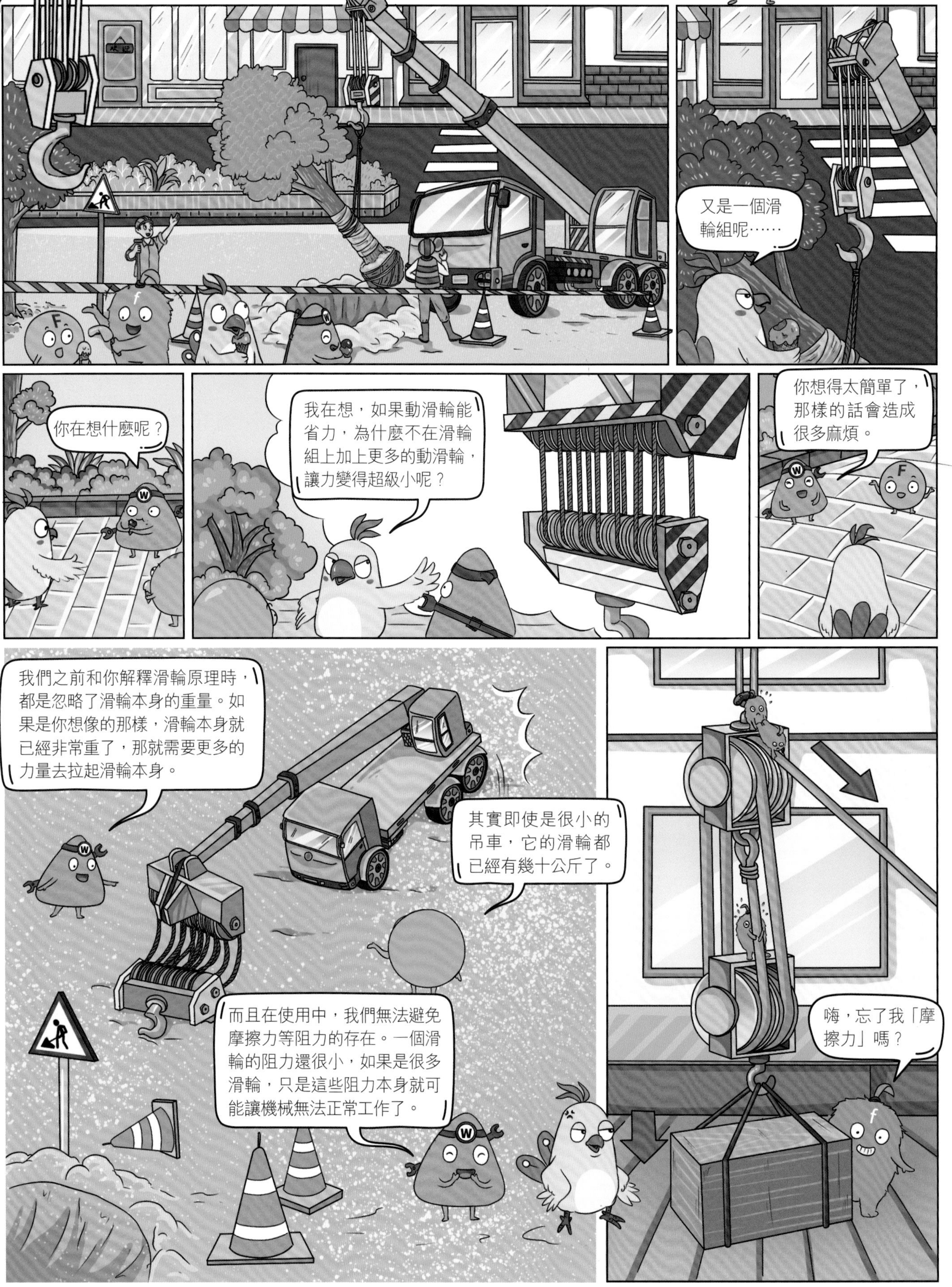
又是一個滑輪組呢……
你在想什麼呢？
我在想，如果動滑輪能省力，為什麼不在滑輪組上加上更多的動滑輪，讓力變得超級小呢？
你想得太簡單了，那樣的話會造成很多麻煩。
我們之前和你解釋滑輪原理時，都是忽略了滑輪本身的重量。如果是你想像的那樣，滑輪本身就已經非常重了，那就需要更多的力量去拉起滑輪本身。
其實即使是很小的吊車，它的滑輪都已經有幾十公斤了。
而且在使用中，我們無法避免摩擦力等阻力的存在。一個滑輪的阻力還很小，如果是很多滑輪，只是這些阻力本身就可能讓機械無法正常工作了。
嗨，忘了我「摩擦力」嗎？

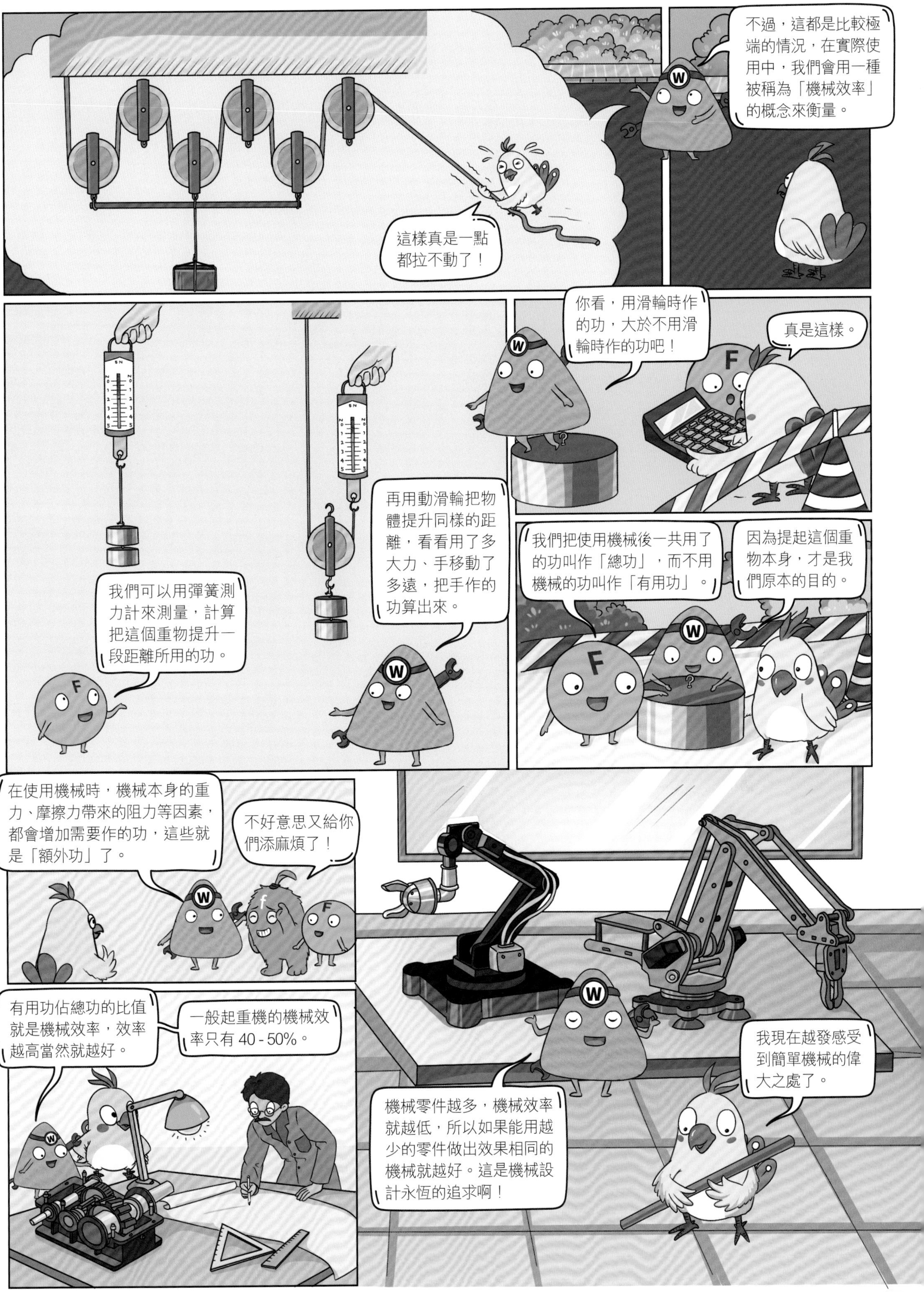
這樣真是一點都拉不動了！
不過，這都是比較極端的情況，在實際使用中，我們會用一種被稱為「機械效率」的概念來衡量。
我們可以用彈簧測力計來測量，計算把這個重物提升一段距離所用的功。
再用動滑輪把物體提升同樣的距離，看看用了多大力、手移動了多遠，把手作的功算出來。
你看，用滑輪時作的功，大於不用滑輪時作的功吧！
真是這樣。
我們把使用機械後一共用了的功叫作「總功」，而不用機械的功叫作「有用功」。
因為提起這個重物本身，才是我們原本的目的。
在使用機械時，機械本身的重力、摩擦力帶來的阻力等因素，都會增加需要作的功，這些就是「額外功」了。
不好意思又給你們添麻煩了！
有用功佔總功的比值就是機械效率，效率越高當然就越好。
一般起重機的機械效率只有 40 - 50%。
機械零件越多，機械效率就越低，所以如果能用越少的零件做出效果相同的機械就越好。這是機械設計永恆的追求啊！
我現在越發感受到簡單機械的偉大之處了。

齒輪與運輸帶

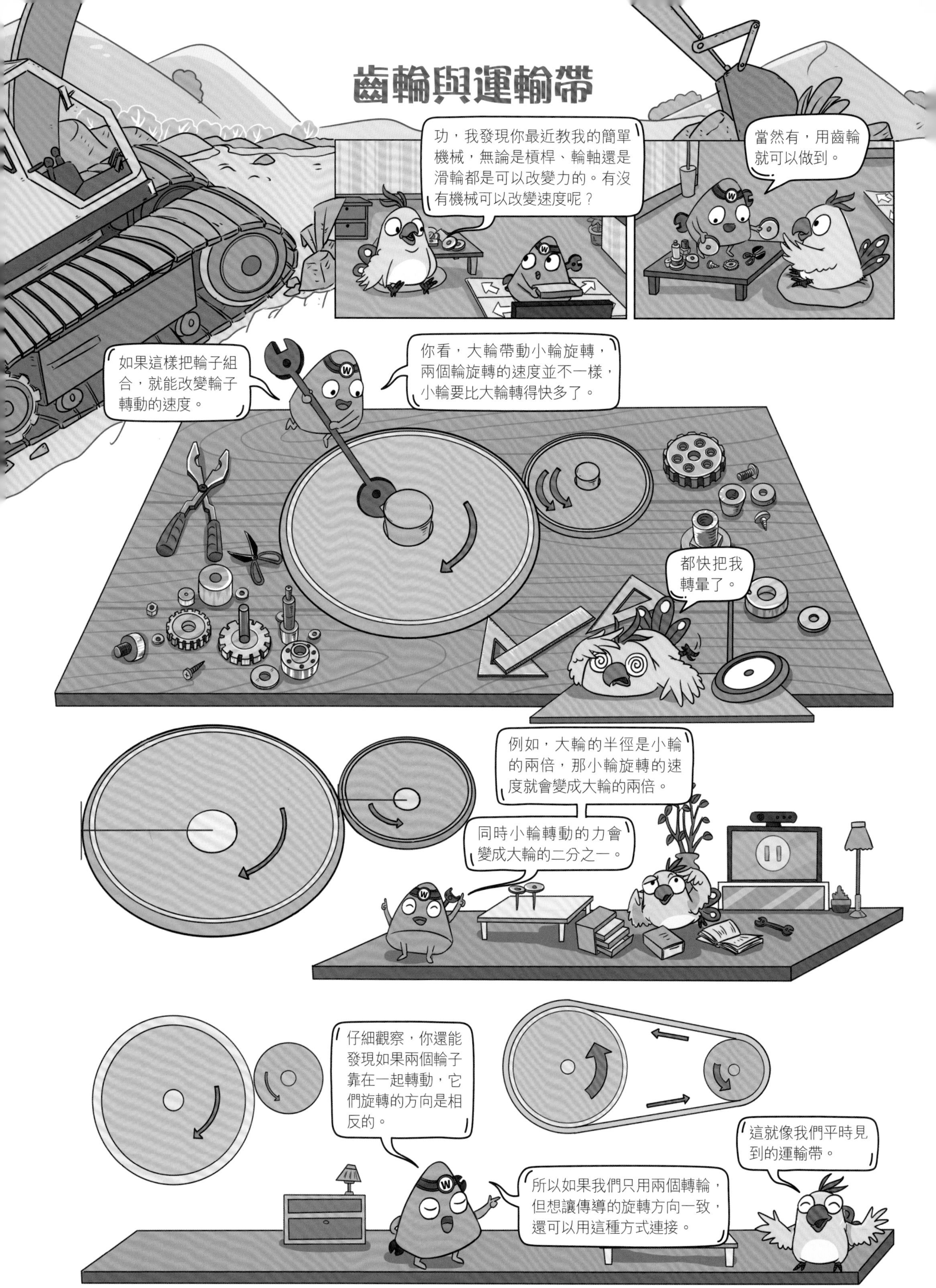
功，我發現你最近教我的簡單機械，無論是槓桿、輪軸還是滑輪都是可以改變力的。有沒有機械可以改變速度呢？
當然有，用齒輪就可以做到。
如果這樣把輪子組合，就能改變輪子轉動的速度。
你看，大輪帶動小輪旋轉，兩個輪旋轉的速度並不一樣，小輪要比大輪轉得快多了。
都快把我轉暈了。
例如，大輪的半徑是小輪的兩倍，那小輪旋轉的速度就會變成大輪的兩倍。
同時小輪轉動的力會變成大輪的二分之一。
仔細觀察，你還能發現如果兩個輪子靠在一起轉動，它們旋轉的方向是相反的。
所以如果我們只用兩個轉輪，但想讓傳導的旋轉方向一致，還可以用這種方式連接。
這就像我們平時見到的運輸帶。

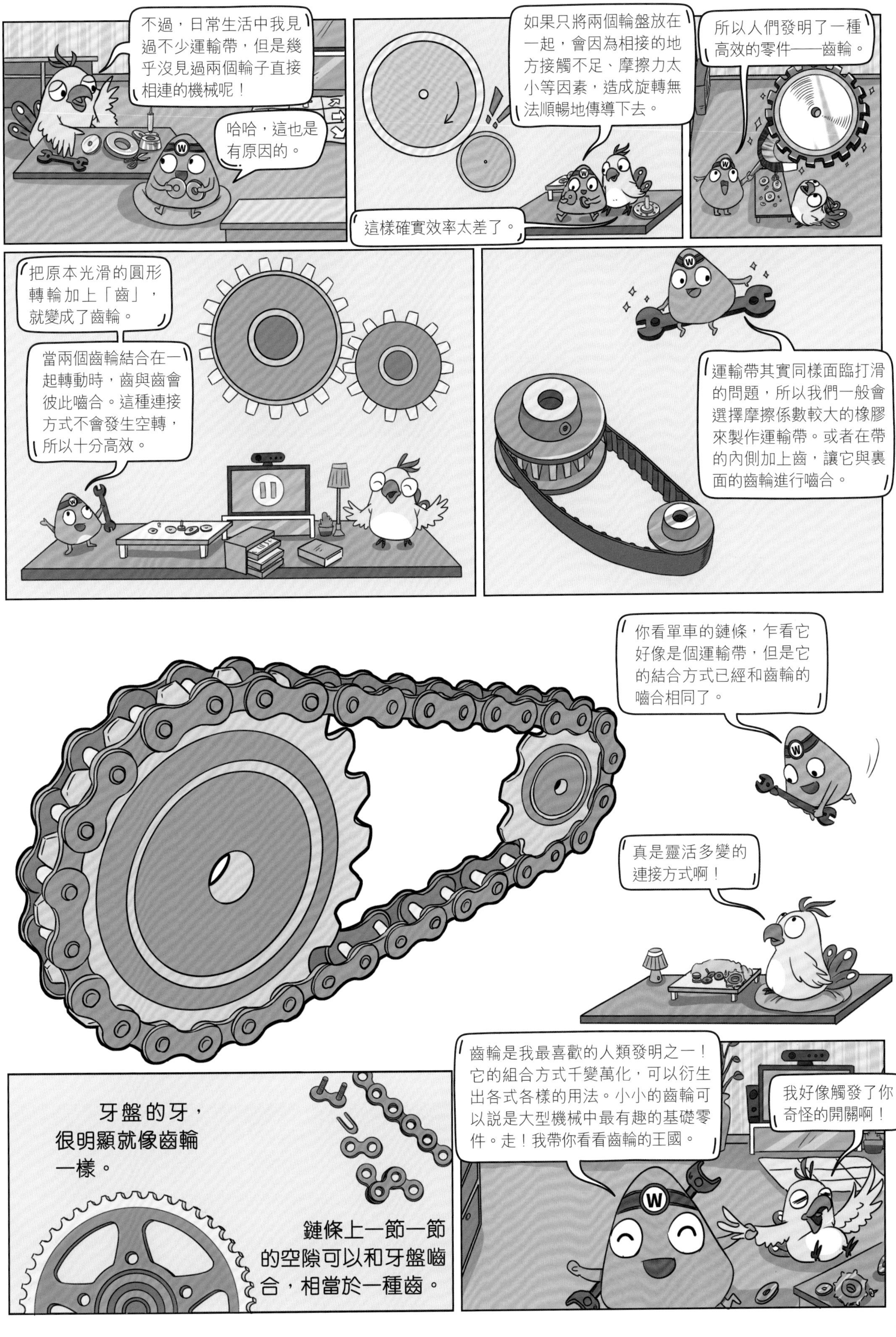
不過，日常生活中我見過不少運輸帶，但是幾乎沒見過兩個輪子直接相連的機械呢！
哈哈，這也是有原因的。
如果只將兩個輪盤放在一起，會因為相接的地方接觸不足、摩擦力太小等因素，造成旋轉無法順暢地傳導下去。
這樣確實效率太差了。
所以人們發明了一種高效的零件——齒輪。
把原本光滑的圓形轉輪加上「齒」，就變成了齒輪。
當兩個齒輪結合在一起轉動時，齒與齒會彼此嚙合。這種連接方式不會發生空轉，所以十分高效。
運輸帶其實同樣面臨打滑的問題，所以我們一般會選擇摩擦係數較大的橡膠來製作運輸帶。或者在帶的內側加上齒，讓它與裏面的齒輪進行嚙合。
你看單車的鏈條，乍看它好像是個運輸帶，但是它的結合方式已經和齒輪的嚙合相同了。
真是靈活多變的連接方式啊！
牙盤的牙，很明顯就像齒輪一樣。
鏈條上一節一節的空隙可以和牙盤嚙合，相當於一種齒。
齒輪是我最喜歡的人類發明之一！它的組合方式千變萬化，可以衍生出各式各樣的用法。小小的齒輪可以說是大型機械中最有趣的基礎零件。走！我帶你看看齒輪的王國。
我好像觸發了你奇怪的開關啊！

各式各樣的齒輪

人們常常把人類社會比喻成一台運轉的機械，而人是其中的齒輪，可見齒輪對於機械的重要性。如果沒有齒輪，恐怕很多機械都不會被發明出來。齒輪的組合充滿想像力，造型更是多樣，有的齒輪是直的，有的是傾斜的，甚至是彎曲的。各式各樣的組合方式能對應不同的應用場景，可以傳遞力量或轉換運動方式。

正齒輪

正齒輪是我們最熟悉的齒輪組合，兩個齒輪是在同一個平面上嚙合的。

我們可以通過改變齒輪的大小來調節速度和力，也可以在平行的面上改變旋轉的方向。

齒條和齒輪

帶有齒的齒條也可以和齒輪嚙合，這樣可以將齒輪的旋轉轉化為齒條的直線運動。此外，也可以用齒條來驅動齒輪。

風車的軸連接着一個錐齒輪，這樣能讓在垂直方向旋轉的風車帶動水平方向的齒輪。

錐齒輪

錐齒輪的齒在錐形的斜面上，兩個錐齒輪可以以一定角度嚙合在一起，這樣不僅可以改變速度和力的大小，還可以改變旋轉的角度。

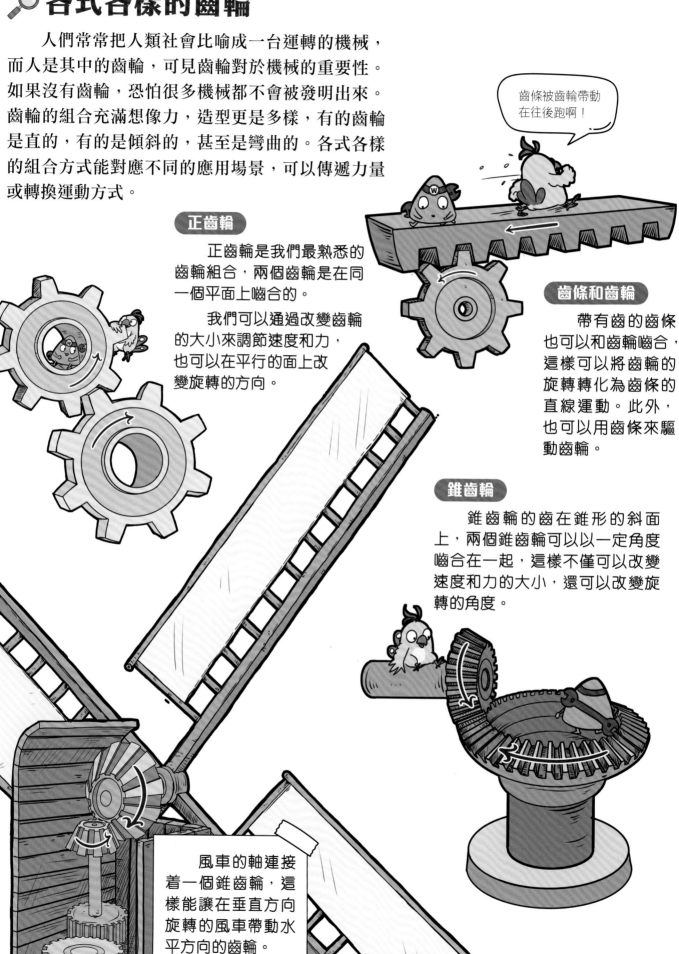

開瓶器

開瓶器巧妙地將槓桿、齒條、小齒輪等機械零件結合起來，讓我們可以方便地將塞子拔出。

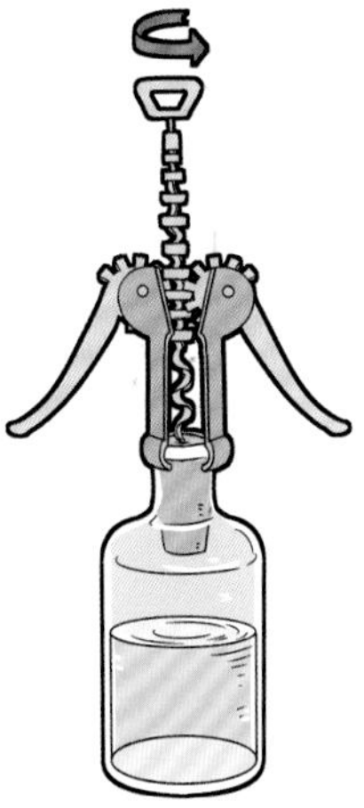

首先旋轉螺旋桿，可以把開瓶器前端固定在塞子中。

螺旋桿插入後，就發揮了蝸輪的作用，把手前端的齒輪隨蝸輪移動，把手被抬起。

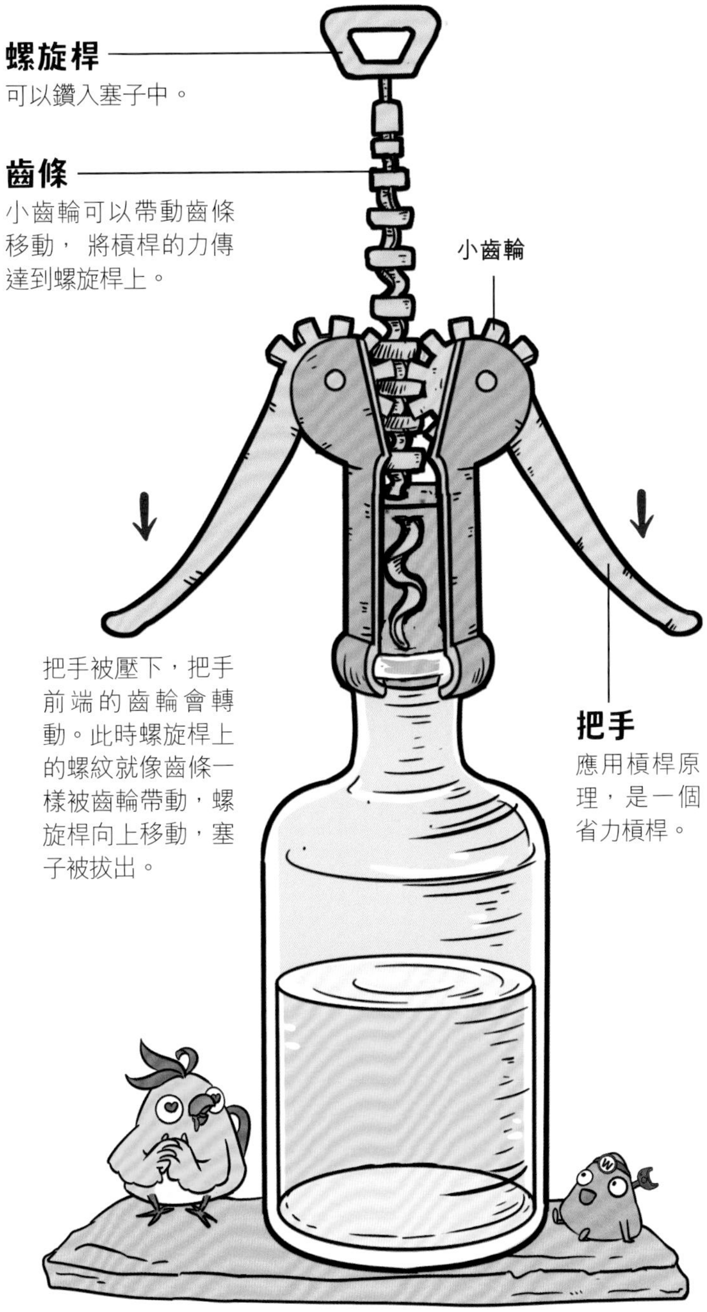

螺旋桿
可以鑽入塞子中。
齒條
小齒輪可以帶動齒條移動， 將槓桿的力傳達到螺旋桿上。
小齒輪
把手被壓下，把手前端的齒輪會轉動。此時螺旋桿上的螺紋就像齒條一樣被齒輪帶動，螺旋桿向上移動，塞子被拔出。
把手
應用槓桿原理，是一個省力槓桿。

蝸輪

在軸上加入螺旋狀的齒紋，也可以和其他齒輪的邊緣嚙合，這樣軸旋轉時，可以帶動齒輪旋轉。但齒輪很難讓螺紋軸轉動，故蝸輪一般只用於軸單向往齒輪傳遞運動。

行星齒輪與恒星齒輪

有一種由多個齒輪組成的齒輪組，它由一顆在中心旋轉的齒輪和周邊圍繞它旋轉的齒輪組成。它們的關係就像地球（行星）圍繞太陽（恒星）旋轉一樣，所以叫「行星齒輪」與「恒星齒輪」。

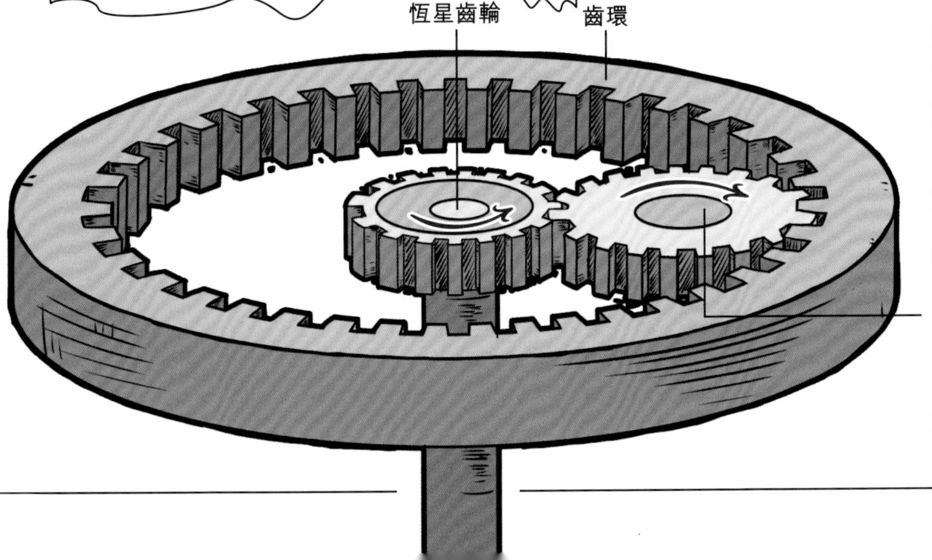

恒星齒輪
齒環
行星齒輪
因為行星齒輪的軸並不是固定的，所以它既可以和恒星齒輪以相同方向旋轉，也可以按不同方向旋轉。

小測驗：齒輪該如何旋轉？

現在，你已經認識很多不同類型的齒輪了，來做個測驗吧！小玄鳳要向哪個方向轉動把手，功才會被運輸帶送到前方呢？

答案
小玄鳳需要逆時針旋轉眼前的把手。

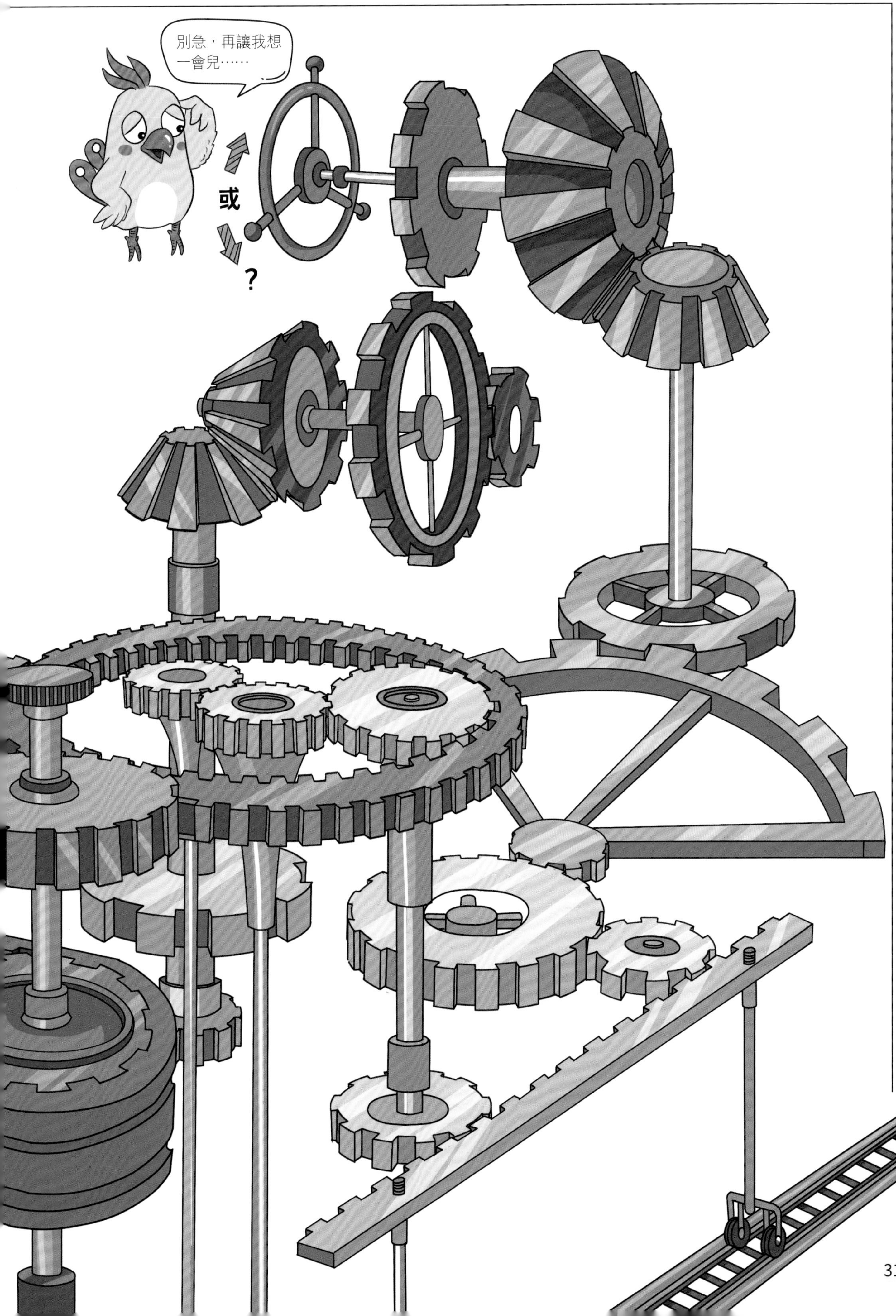
別急，再讓我想
一會兒……
或
?

斜面也是好幫手

嗯？這麼重？
對了！找塊木板。
這樣好搬啦！
哈哈，你真厲害，這次會使用斜面了。
斜面？我不就是放了一塊木板嗎？
這件事看似簡單，其實你完成了一個簡單機械啊！
當我們製作了一個斜坡，它就是一個很簡單的斜面，斜面可以讓我們工作更省力。
我們説過作功是用力讓物體在力的方向上移動的距離。
如果我們垂直抬起物體，距離比較短，但是要用的力就較大。
這個斜面的長度一看就超過了垂直面的長度，所以如果按斜面的長度作功，一樣的功，你移動的距離變長了，相應地，力就變小了。
F_1
F_2

依照這個原理，同樣的高度，斜面越長，就越省力。也就是斜面與水平面夾角越小就越省力。
所以我使用的木板越長，就會越省力了？
對！而且因為斜面單純調整了作功時力和距離之間的關係，所以如果我們使用的斜面是完全光滑沒有摩擦力的話，斜面的機械效率是100%，是一種很高效的簡單機械。
哇，沒想到一塊木板這麼厲害。
除了搬運東西之外，日常生活中我們對斜面還有另一種用法。
幫我搬個箱子下來。
如果讓斜面移動，而物體不移動，可以借由斜面把物體抬升。
如果我們把這個具有斜面的楔子放入門下，它會把門頂起，同時門有很大的力壓下來。
如果壓力增大，楔子對地面的摩擦力也會變大，這個摩擦力就可以幫助楔子把門牢牢頂住啦！
哈哈，一開始就想到用斜面的我，真是個小天才！
越簡單的機械，運用就越廣泛，所以斜面還有很多種用法呢！
走，我帶你去見識一下。

用斜面來做大事

斜面簡單方便，在人類理解其中的奧秘之前，就已經很自然地開始使用斜面來協助工作了。直到現在，斜面應用依然體現在我們生活的方方面面。

隨着金字塔的建造，坡道也會環繞金字塔越修越高，環繞的方式也增加了長度。像不像現在的盤山公路呢？

用斜面建造金字塔

古代有很多雄偉的巨型建築，在那個沒有大型機械的時代，人們是如何完成這些工程的呢？

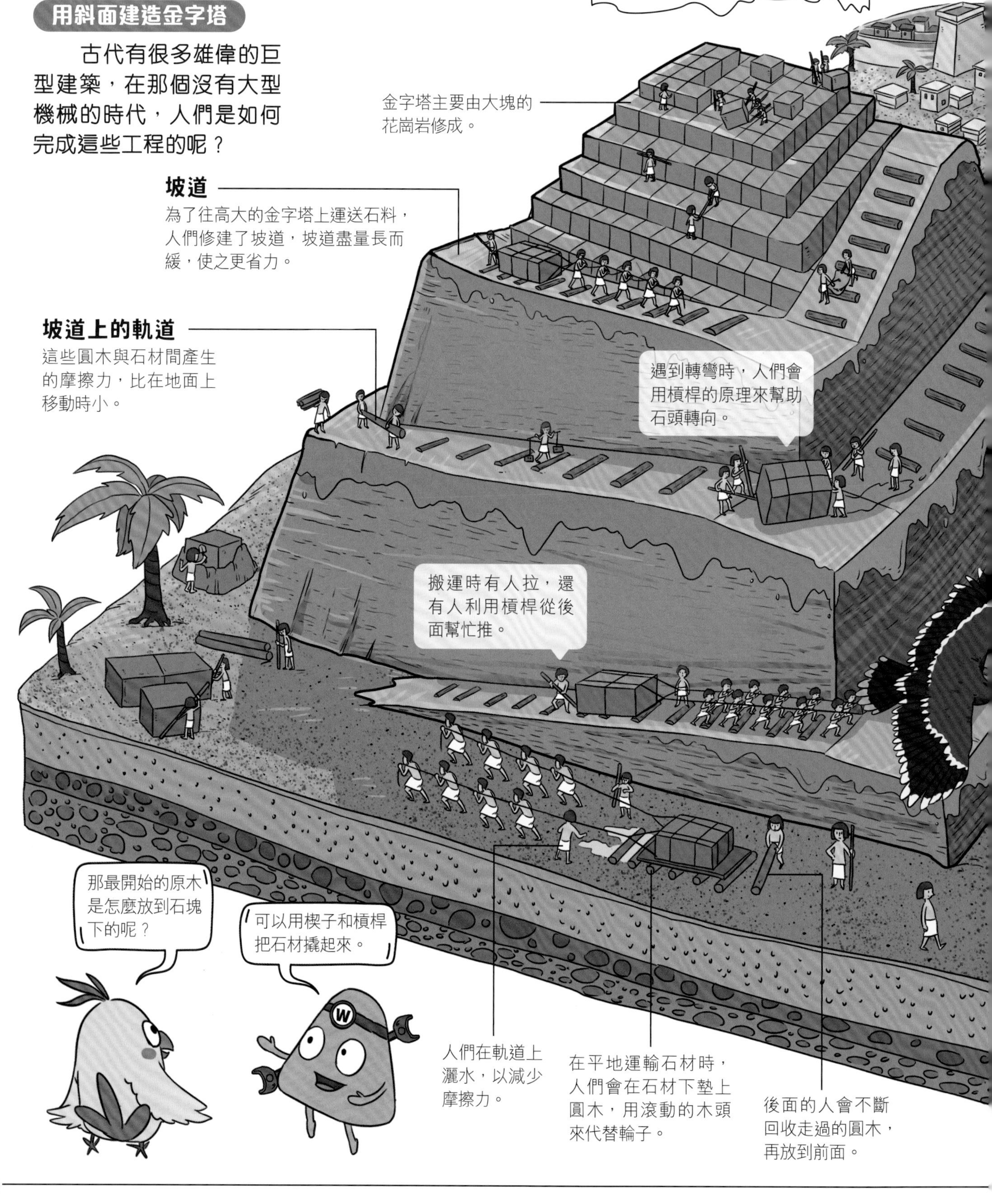

金字塔主要由大塊的花崗岩修成。
坡道
為了往高大的金字塔上運送石料，人們修建了坡道，坡道盡量長而緩，使之更省力。
坡道上的軌道
這些圓木與石材間產生的摩擦力，比在地面上移動時小。
遇到轉彎時，人們會用槓桿的原理來幫助石頭轉向。
搬運時有人拉，還有人利用槓桿從後面幫忙推。
那最開始的原木是怎麼放到石塊下的呢？
可以用楔子和槓桿把石材撬起來。
人們在軌道上灑水，以減少摩擦力。
在平地運輸石材時，人們會在石材下墊上圓木，用滾動的木頭來代替輪子。
後面的人會不斷回收走過的圓木，再放到前面。

當金字塔完成時，坡道便會被拆除，露出金字塔本來的樣子。

古人用來耕作的犁

犁的前端由兩個斜面組成。

在人們犁地時，斜面可以把土向上抬，借由斜面分到兩側，就犁出了方便耕種的溝。

現代機械中的斜面

現代工程通常有大型機械的輔助，這讓工作輕鬆了不少，不過即使是很先進的機械，其中依然保留了很多簡單而有效的斜面應用。

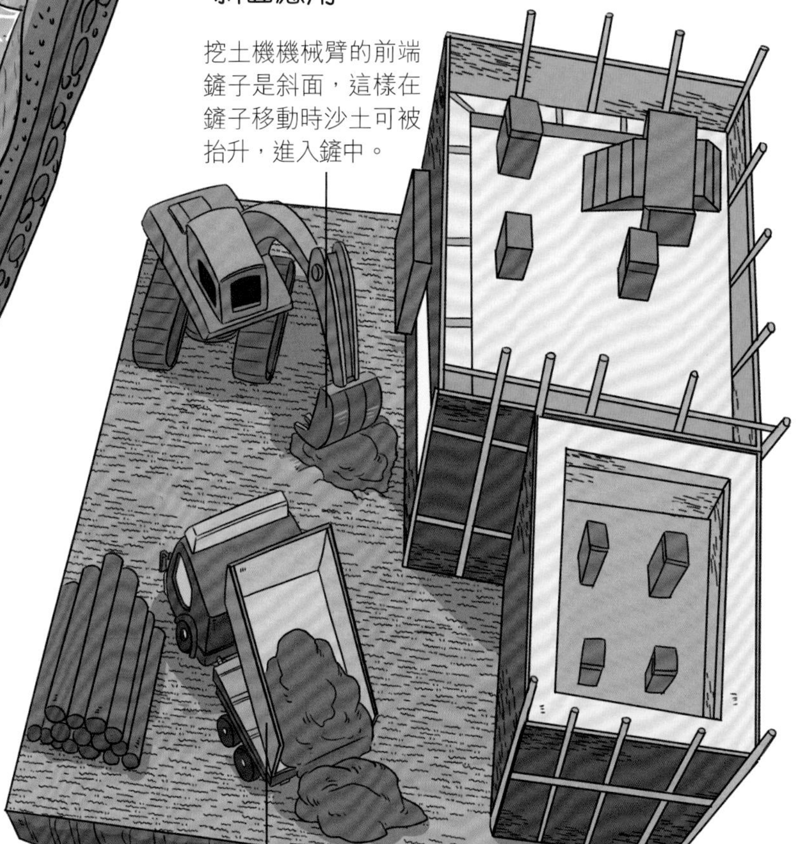

挖土機機械臂的前端鏟子是斜面，這樣在鏟子移動時沙土可被抬升，進入鏟中。
自卸車可以升起它的車斗，形成一個斜面，利用重力讓沙土滑下。

雙斜面——楔

你知道嗎？幾乎所有的切割工具都應用了楔形的兩個斜面。

因為斜面可以將向一個方向運動轉化為向斜面側的運動，這樣當我們切割開物體後，斜面可以幫助我們進一步把物體分開。

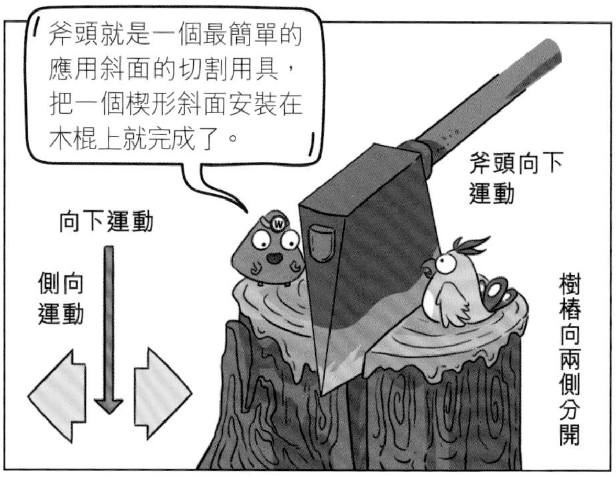

斧頭就是一個最簡單的應用斜面的切割用具，把一個楔形斜面安裝在木棍上就完成了。
斧頭向下運動
向下運動
側向運動
樹樁向兩側分開

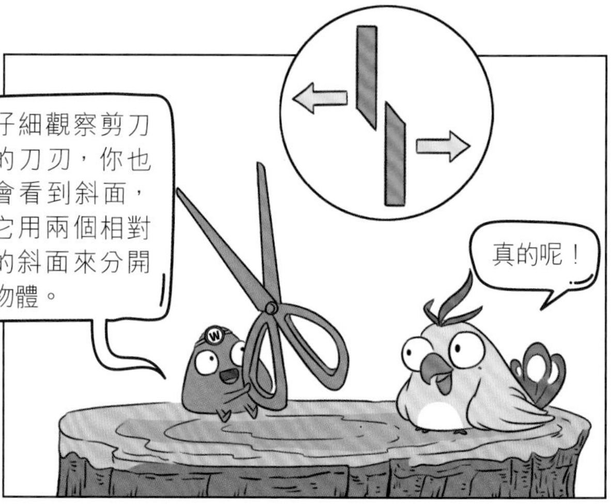

仔細觀察剪刀的刀刃，你也會看到斜面，它用兩個相對的斜面來分開物體。
真的呢！

電動理髮器

在電動理髮器前端的內部有兩排齒狀的刀片，它們各自具有傾斜而銳利的表面。

其中一排齒狀刀片會來回運動，與另一排刀片的缺口交錯。齒刀打開時，頭髮可以進入兩排齒刃的中間；當齒刃閉合時，頭髮便會被切斷。

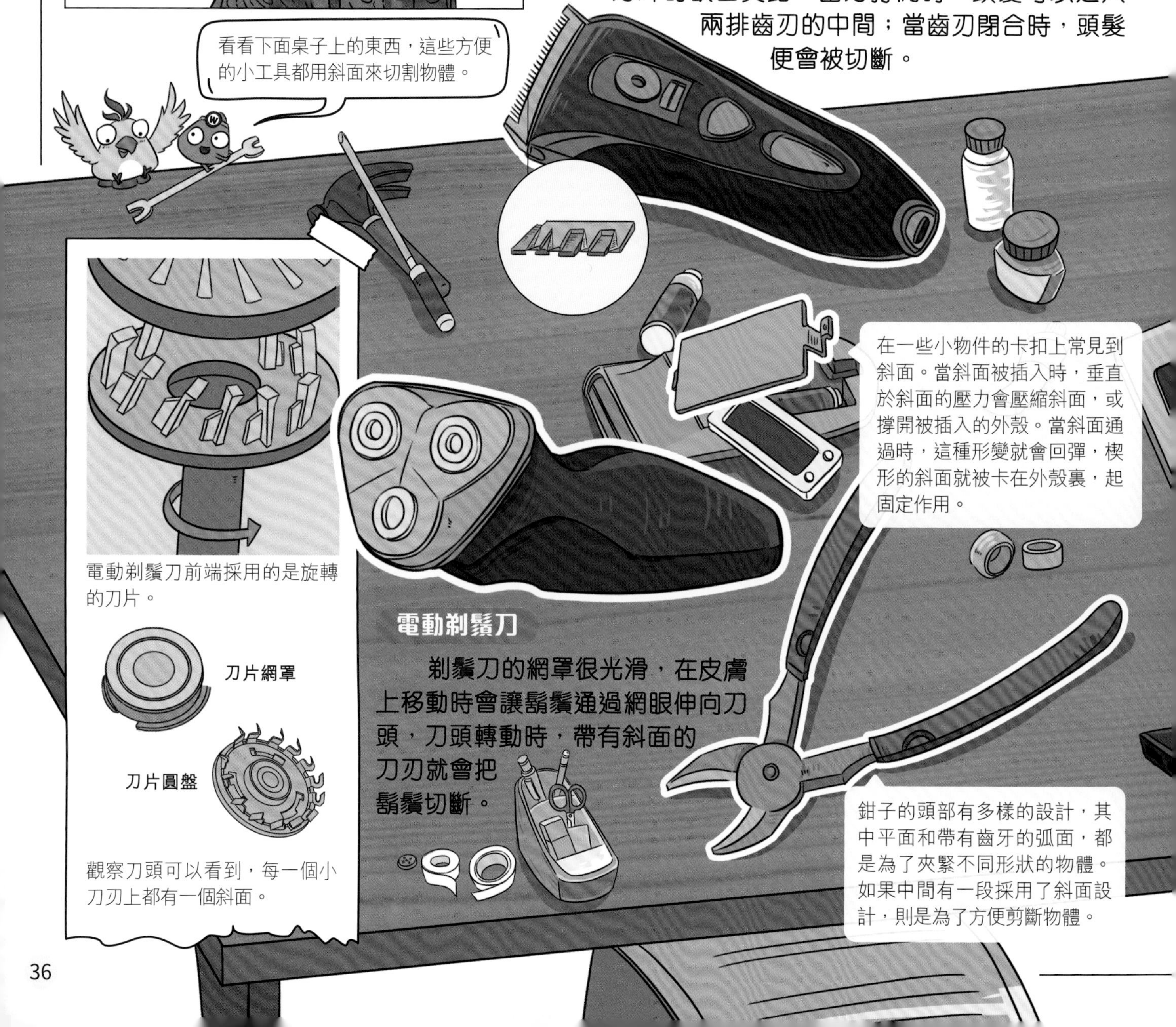

看看下面桌子上的東西，這些方便的小工具都用斜面來切割物體。
電動剃鬚刀前端採用的是旋轉的刀片。
刀片網罩
刀片圓盤
觀察刀頭可以看到，每一個小刀刃上都有一個斜面。
在一些小物件的卡扣上常見到斜面。當斜面被插入時，垂直於斜面的壓力會壓縮斜面，或撐開被插入的外殼。當斜面通過時，這種形變就會回彈，楔形的斜面就被卡在外殼裏，起固定作用。
鉗子的頭部有多樣的設計，其中平面和帶有齒牙的弧面，都是為了夾緊不同形狀的物體。如果中間有一段採用了斜面設計，則是為了方便剪斷物體。

電動剃鬚刀

剃鬚刀的網罩很光滑，在皮膚上移動時會讓鬍鬚通過網眼伸向刀頭，刀頭轉動時，帶有斜面的刀刃就會把鬍鬚切斷。

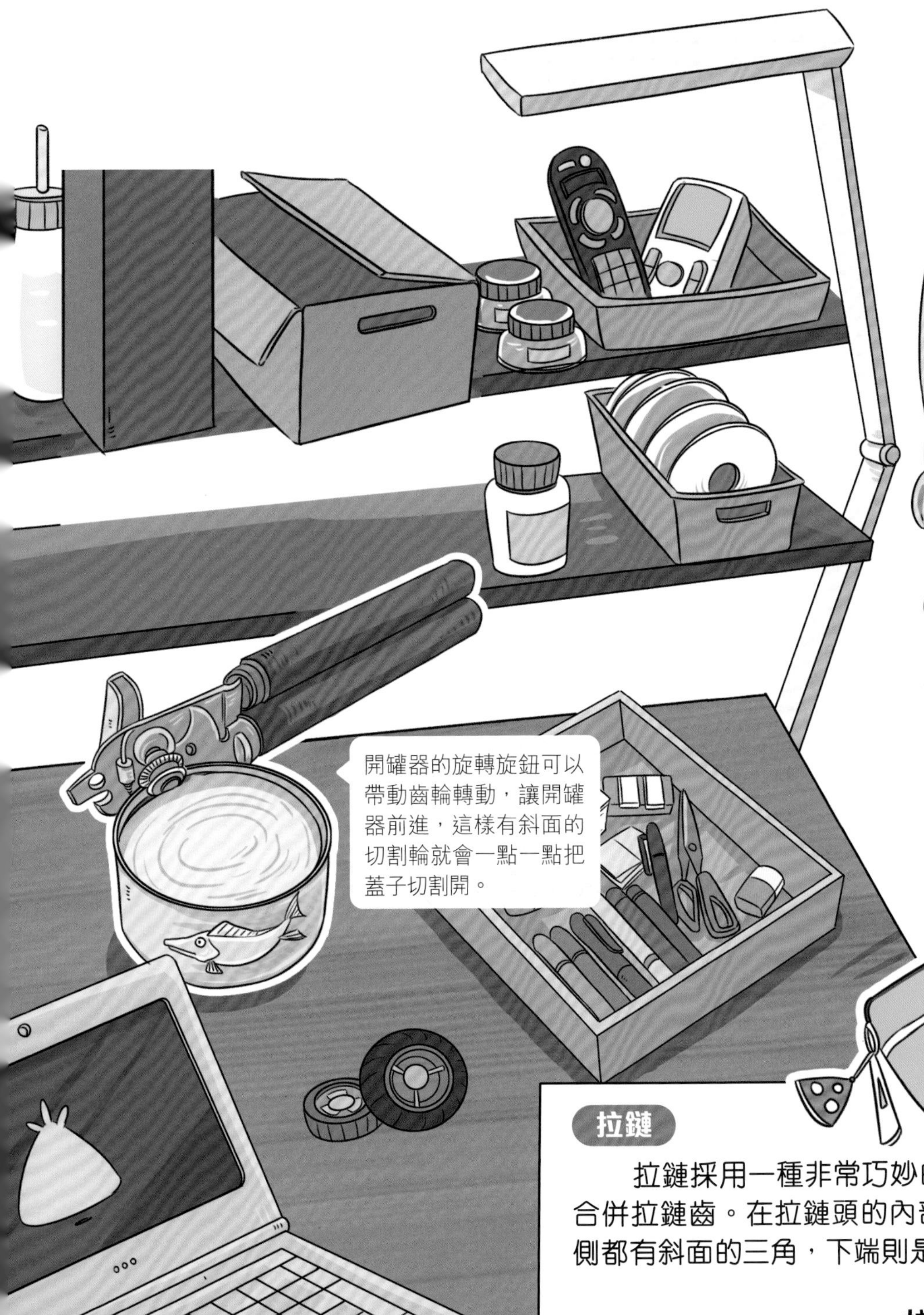

開罐器的旋轉旋鈕可以帶動齒輪轉動，讓開罐器前進，這樣有斜面的切割輪就會一點一點把蓋子切割開。

旋鈕
正齒輪
切割輪

開罐器

開罐器有一對角度設計巧妙的齒輪，剛好可以卡住罐頭的邊緣下方。

用手握住把手時，通過槓桿原理可以讓齒輪緊緊夾住罐頭，並讓切割輪切入罐頭蓋。

拉鏈

拉鏈採用一種非常巧妙的方式，利用斜面分離或合併拉鏈齒。在拉鏈頭的內部有三個楔子，上端為兩側都有斜面的三角，下端則是兩側向內的斜面。

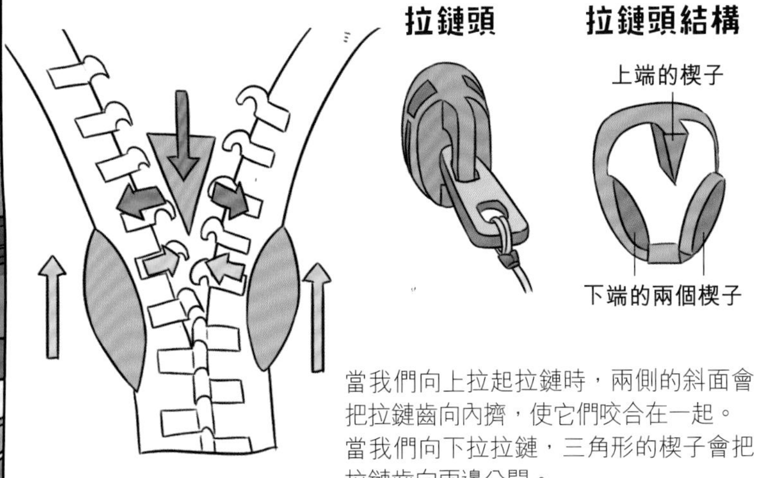

拉鏈頭
拉鏈頭結構
上端的楔子
下端的兩個楔子
當我們向上拉起拉鏈時，兩側的斜面會把拉鏈齒向內擠，使它們咬合在一起。當我們向下拉拉鏈，三角形的楔子會把拉鏈齒向兩邊分開。

盤旋的斜面——螺旋

你這麼專注，在研究什麼科學難題嗎？
你看，大橋、摩天大樓這些建築，還有輪船這些機械都很巨大，它們的零件一定都很重。
對啊！
但是這些零件都只靠小小的螺絲釘連接在一起，真的安全嗎？
沒問題，因為螺絲釘有它的獨門法寶——螺旋的斜面啊！
螺旋斜面？
螺旋是斜面的一種衍生，是盤旋的斜面。
假如把螺絲釘視為一座塔，我們要把重物推上去，你搭個斜面吧！
塔太高了，我們需要一個很長的斜面才能省力吧？

如果我們把斜面盤到塔的周圍，一圈一圈向上呢？
哦，這樣就可以了。

螺旋的斜面，通行距離很長，所以推起來很省力，螺帽就相當於我們推的箱子。

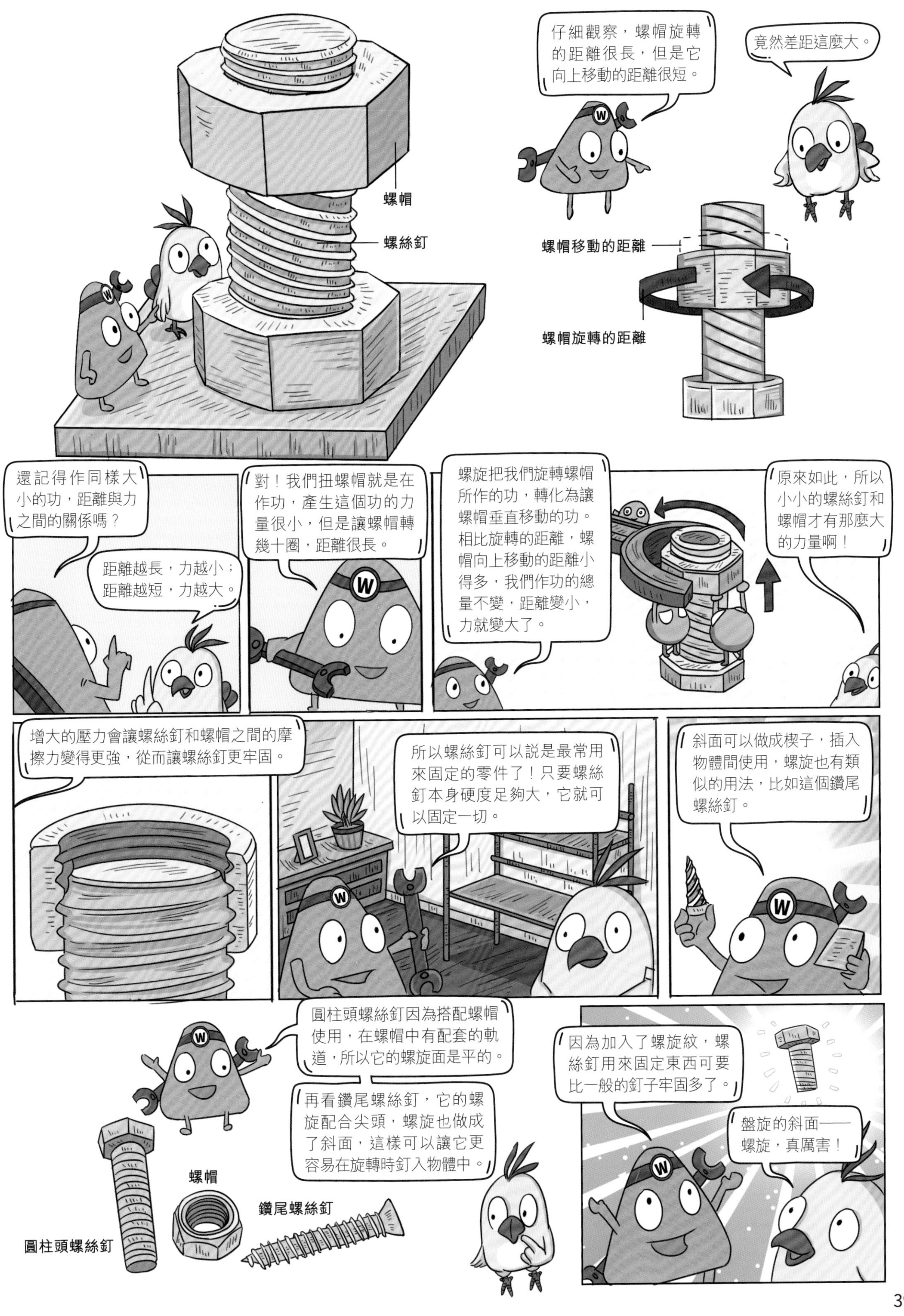
螺帽
螺絲釘
仔細觀察，螺帽旋轉的距離很長，但是它向上移動的距離很短。
竟然差距這麼大。
螺帽移動的距離
螺帽旋轉的距離
還記得作同樣大小的功，距離與力之間的關係嗎？
距離越長，力越小；距離越短，力越大。
對！我們扭螺帽就是在作功，產生這個功的力量很小，但是讓螺帽轉幾十圈，距離很長。
螺旋把我們旋轉螺帽所作的功，轉化為讓螺帽垂直移動的功。相比旋轉的距離，螺帽向上移動的距離小得多，我們作功的總量不變，距離變小，力就變大了。
原來如此，所以小小的螺絲釘和螺帽才有那麼大的力量啊！
增大的壓力會讓螺絲釘和螺帽之間的摩擦力變得更強，從而讓螺絲釘更牢固。
所以螺絲釘可以說是最常用來固定的零件了！只要螺絲釘本身硬度足夠大，它就可以固定一切。
斜面可以做成楔子，插入物體間使用，螺旋也有類似的用法，比如這個鑽尾螺絲釘。
圓柱頭螺絲釘因為搭配螺帽使用，在螺帽中有配套的軌道，所以它的螺旋面是平的。
再看鑽尾螺絲釘，它的螺旋配合尖頭，螺旋也做成了斜面，這樣可以讓它更容易在旋轉時釘入物體中。
圓柱頭螺絲釘
螺帽
鑽尾螺絲釘
因為加入了螺旋紋，螺絲釘用來固定東西可要比一般的釘子牢固多了。
盤旋的斜面——螺旋，真厲害！

移動、固定和傳遞——螺旋的應用

螺旋是一種非常有趣的形狀，根據使用方式不同，它可以用來緊固、傳力或傳動。在很多精密的儀器和需要密封的物品上，我們常常會見到螺旋的應用。帶有螺旋的工具旋轉每一圈都會堅定地前進，是一種十分可靠的簡單機械。

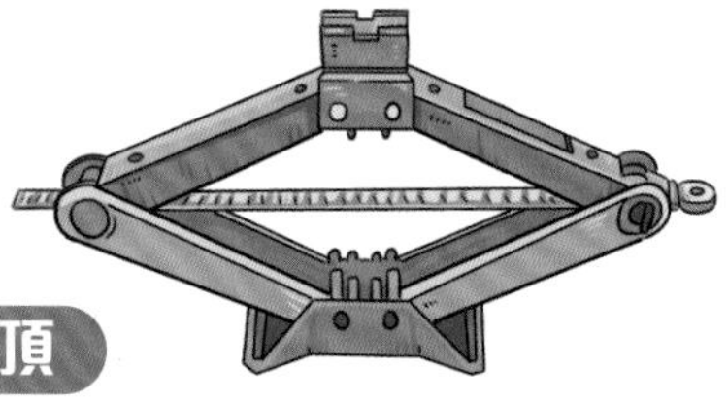

手動旋轉千斤頂需要旋轉很多圈，因為旋轉移動的距離是抬升汽車距離的數十倍，所以千斤頂放大後的力足以將重一噸以上的汽車抬起來。

千斤頂

貫穿千斤頂中間的螺桿上有類似螺絲釘那樣的螺紋。當用把手轉動鐵軸，螺旋會收縮兩側的支桿，從而把千斤頂升起來。

扭螺絲釘

當螺絲釘進入木頭後，它的螺紋在旋轉時會對木頭產生很強的推力，從而把釘子轉進去。

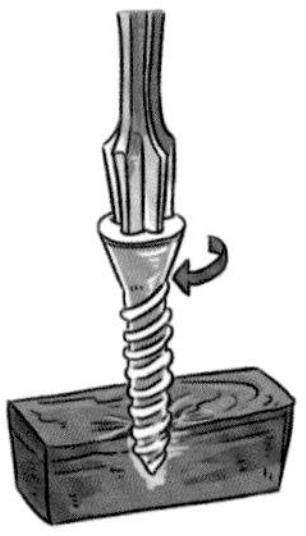

螺栓和螺帽上的螺紋可以讓兩者緊密地結合在一起，使用扳手，可以借助輪軸的原理更省力地扭動螺絲釘。

台虎鉗

在加工零件時，我們時常需要一個穩定的工作操作環境。台虎鉗是一種沉重而穩定的工作台。它由移動台和固定台組成，中間用帶有螺紋的螺桿連接在一起。

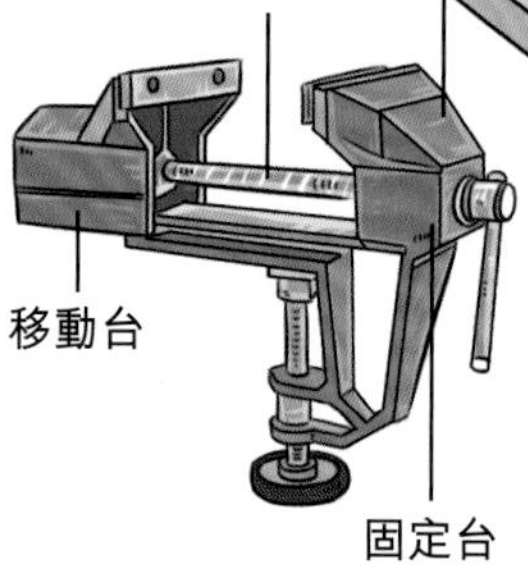

轉動把手可以讓移動台隨螺紋向固定台移動，從而夾住物體。因為施加的壓力很大，可以很穩固地固定物體。

螺旋式水龍頭

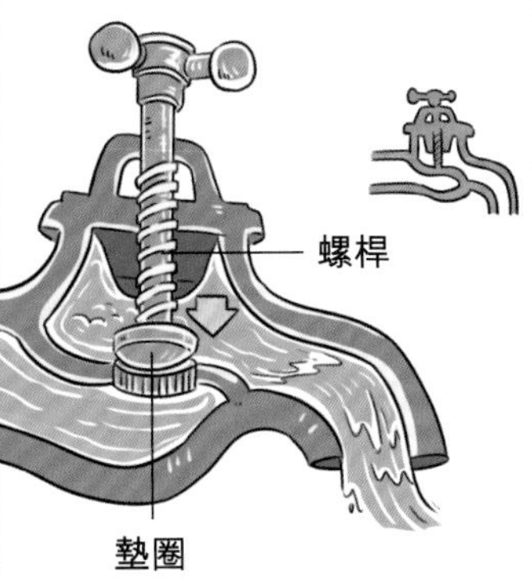

你試過用手堵住水管中流出的水嗎？那似乎是個無法完成的任務，但是螺旋式水龍頭就可以擋住水。

我們通過很小的力旋轉水龍頭上的把手，螺桿就可以用很大的力量將墊圈向下移動，堵住水流。

因為螺旋應用在止水上十分高效，在很多需要止水的儀器上，我們都會見到有螺紋通過旋轉來密封的結構。比如果醬的蓋子、防水手錶的後蓋等。

電鑽

在電鑽的鑽頭上，你可以看到螺旋的結構，它不僅可以在旋轉時推動鑽頭向前，還可以把鑽出的廢物，通過螺紋帶出鑽頭鑽出的洞。

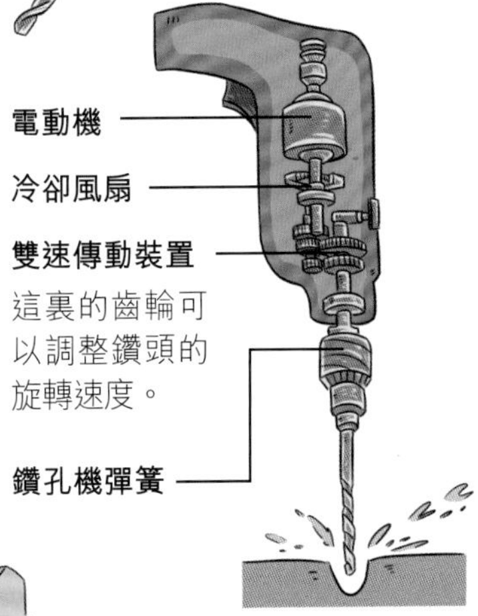

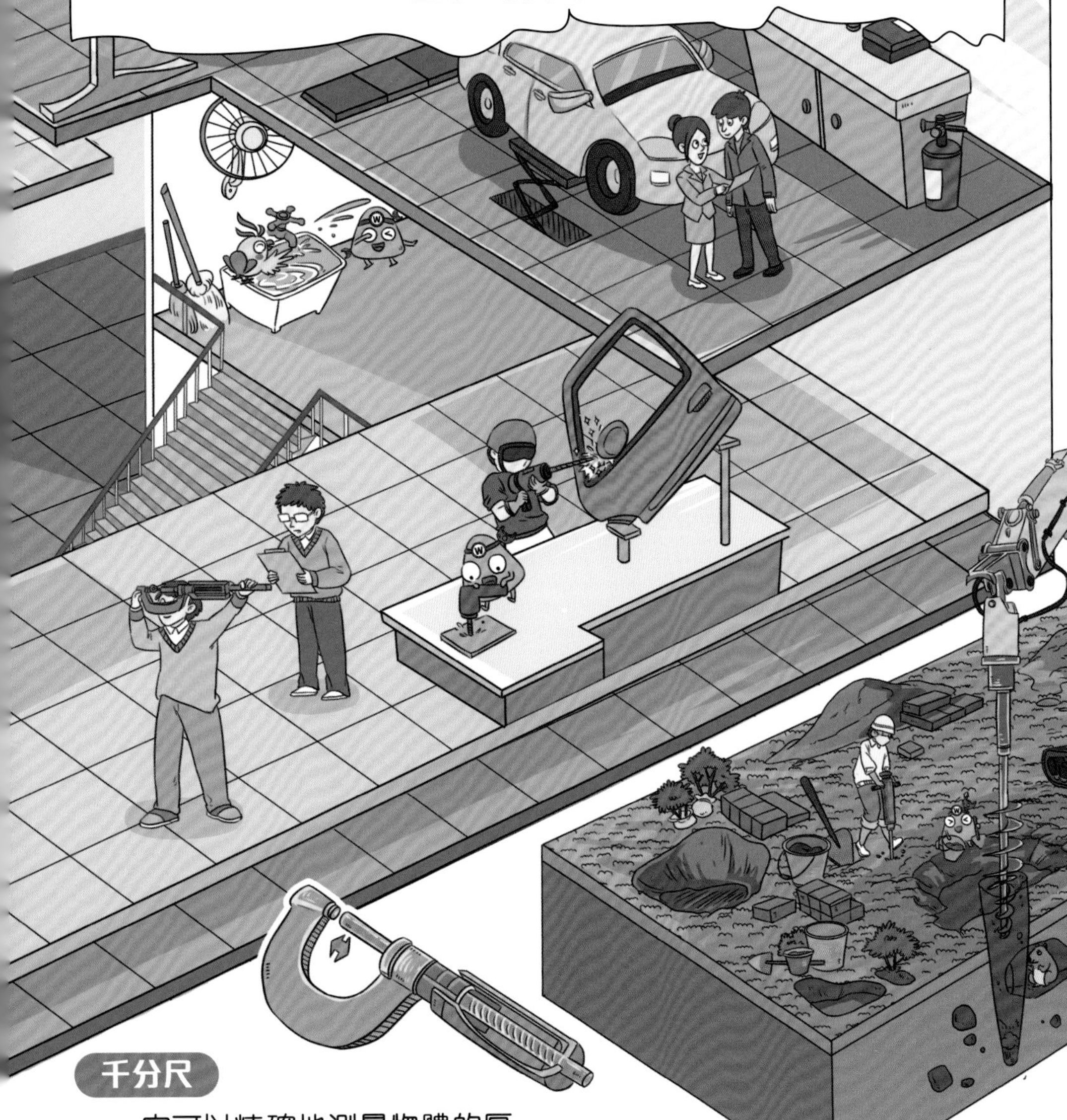

雙速傳動裝置
這裏的齒輪可以調整鑽頭的旋轉速度。
鑽孔機彈簧

千分尺

它可以精確地測量物體的厚度。使用時，我們旋轉套管來縮小轉桿與前端的距離，以夾住要測量的物體。通過螺旋，可以讓旋轉的距離大，在刻度上移動的距離小，當夾住物體時可以有效地固定位置，從而精確地測量。

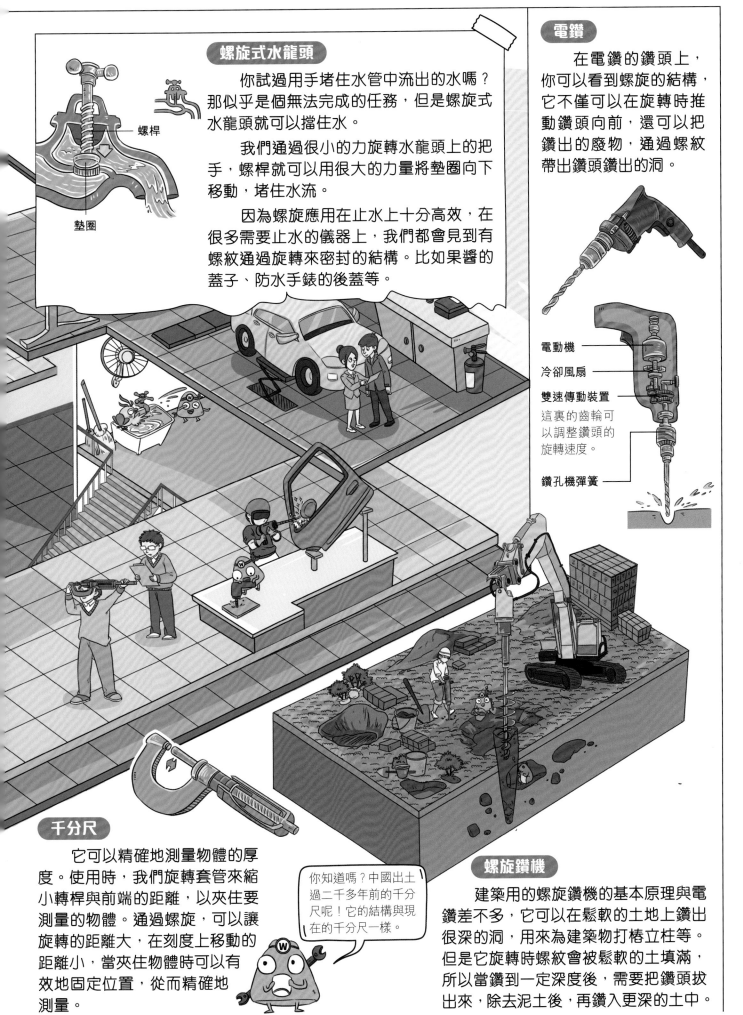

你知道嗎？中國出土過二千多年前的千分尺呢！它的結構與現在的千分尺一樣。

螺旋鑽機

建築用的螺旋鑽機的基本原理與電鑽差不多，它可以在鬆軟的土地上鑽出很深的洞，用來為建築物打樁立柱等。但是它旋轉時螺紋會被鬆軟的土填滿，所以當鑽到一定深度後，需要把鑽頭拔出來，除去泥土後，再鑽入更深的土中。

改變運動的方式——凸輪與曲柄

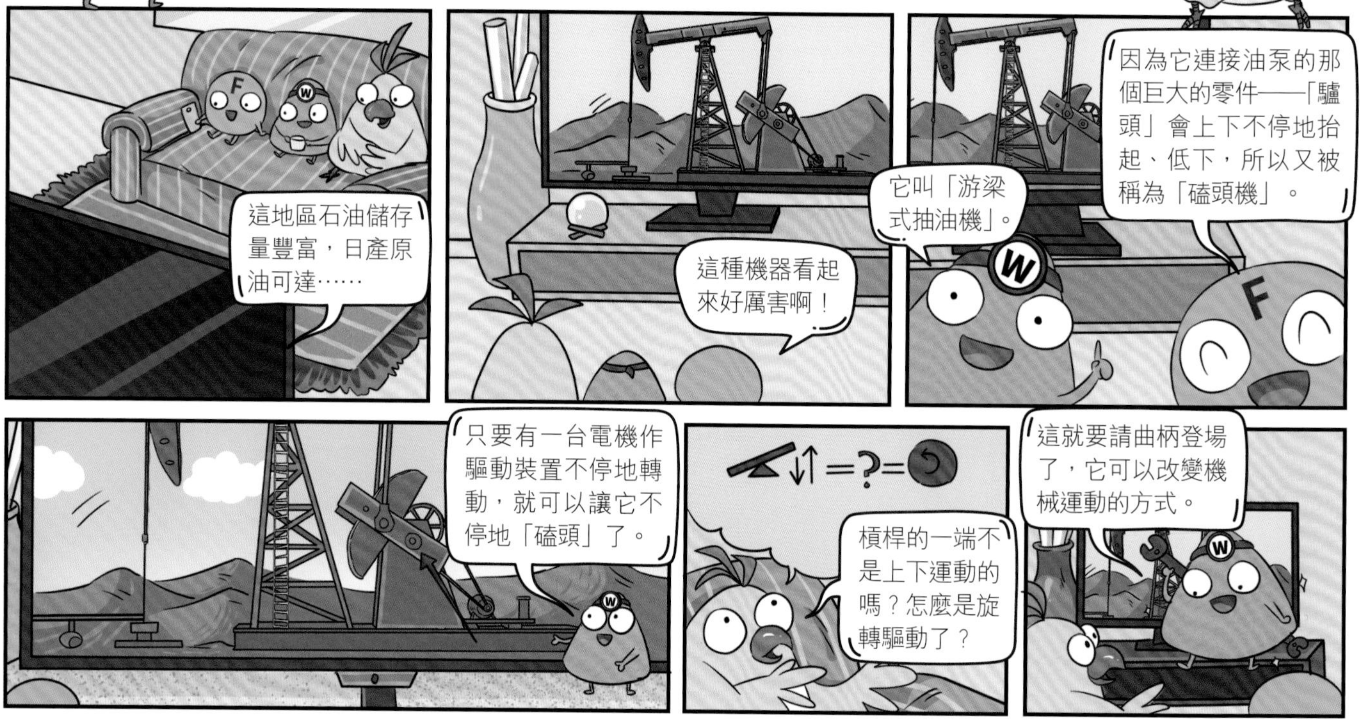

這地區石油儲存量豐富，日產原油可達……
這種機器看起來好厲害啊！
它叫「游梁式抽油機」。
因為它連接油泵的那個巨大的零件——「驢頭」會上下不停地抬起、低下，所以又被稱為「磕頭機」。
只要有一台電機作驅動裝置不停地轉動，就可以讓它不停地「磕頭」了。
槓桿的一端不是上下運動的嗎？怎麼是旋轉驅動了？
這就要請曲柄登場了，它可以改變機械運動的方式。

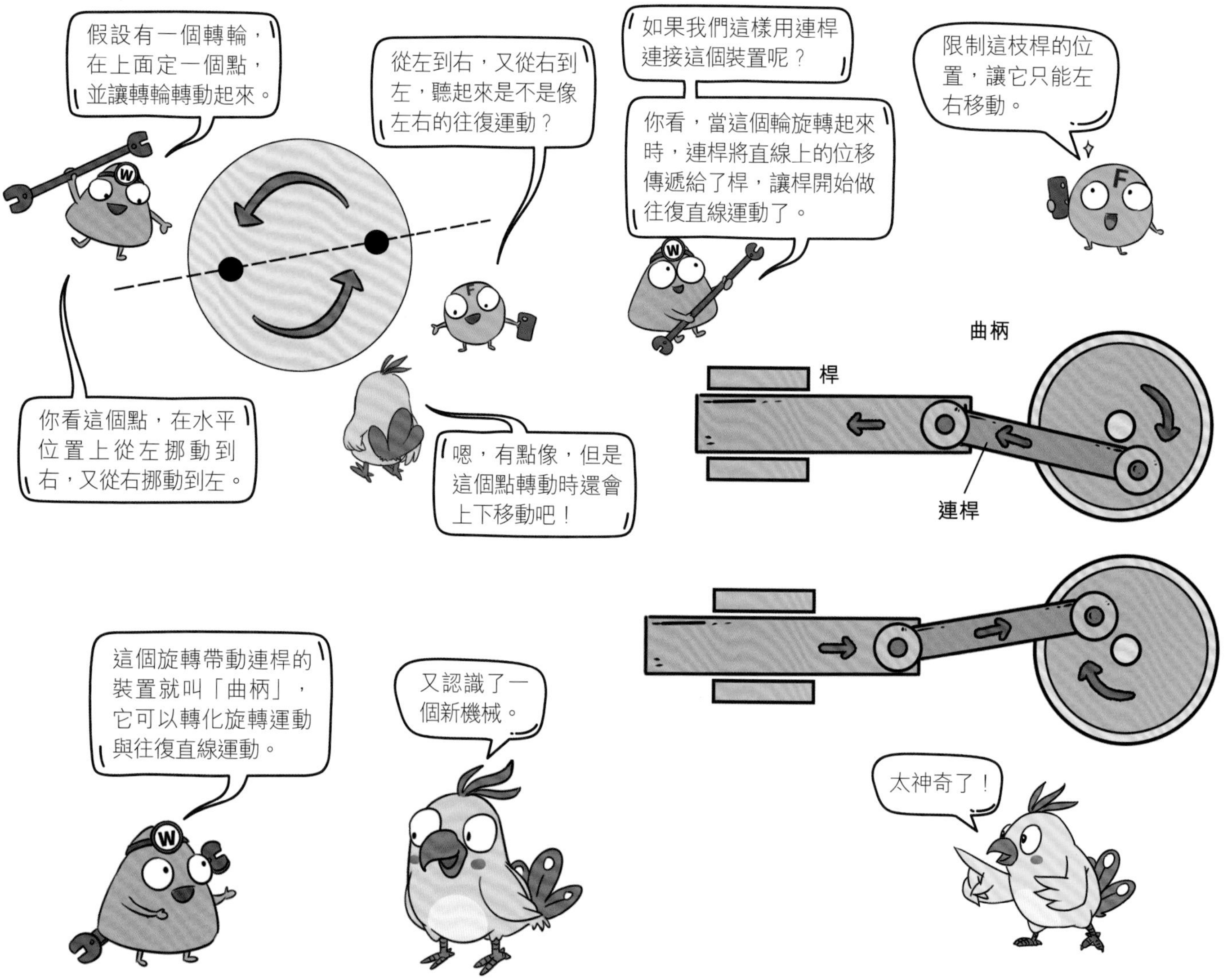

假設有一個轉輪，在上面定一個點，並讓轉輪轉動起來。
你看這個點，在水平位置上從左挪動到右，又從右挪動到左。
從左到右，又從右到左，聽起來是不是像左右的往復運動？
嗯，有點像，但是這個點轉動時還會上下移動吧！
如果我們這樣用連桿連接這個裝置呢？
你看，當這個輪旋轉起來時，連桿將直線上的位移傳遞給了桿，讓桿開始做往復直線運動了。
限制這枝桿的位置，讓它只能左右移動。
曲柄
桿
連桿
這個旋轉帶動連桿的裝置就叫「曲柄」，它可以轉化旋轉運動與往復直線運動。
又認識了一個新機械。
太神奇了！

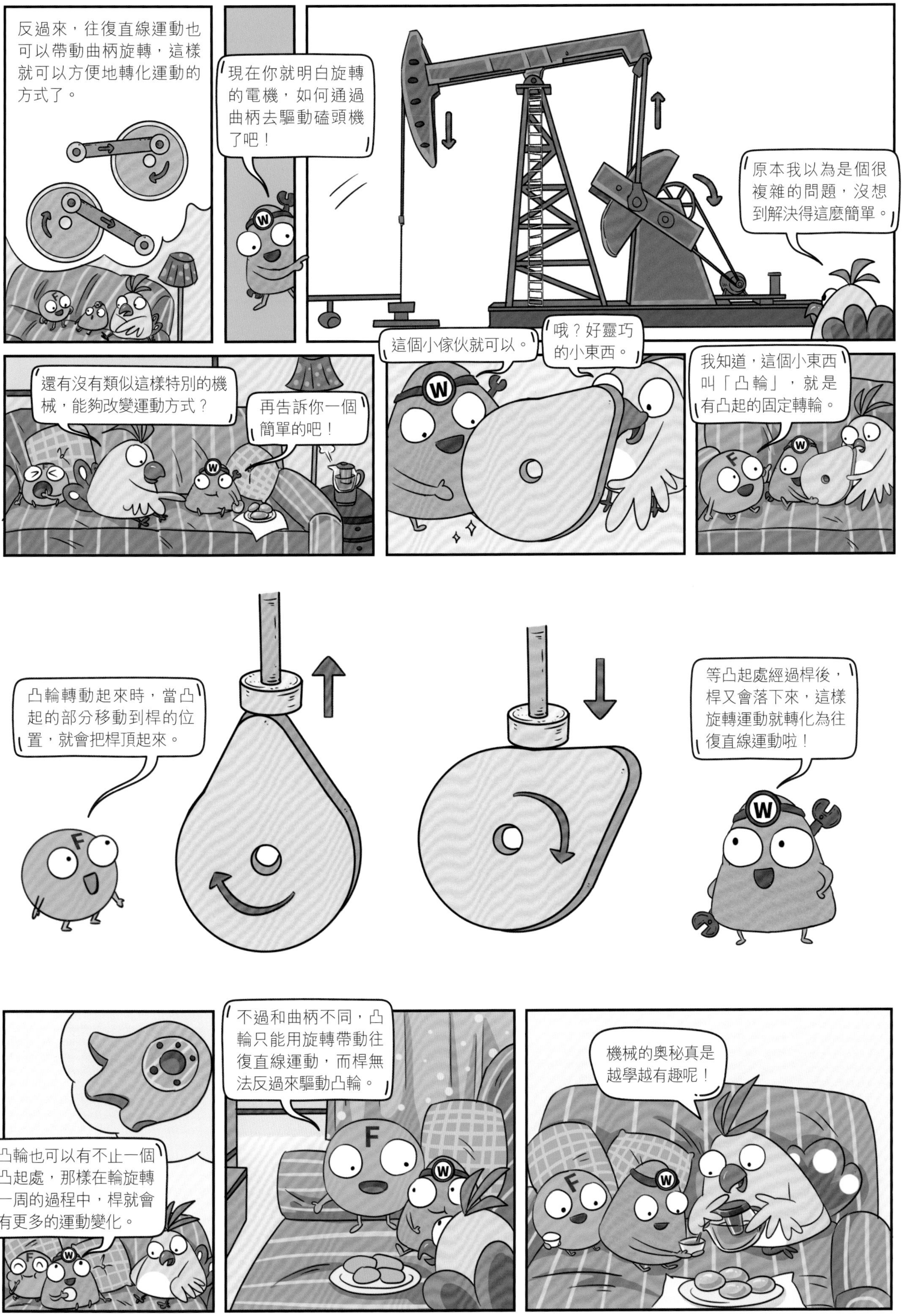

反過來，往復直線運動也可以帶動曲柄旋轉，這樣就可以方便地轉化運動的方式了。
現在你就明白旋轉的電機，如何通過曲柄去驅動磕頭機了吧！
原本我以為是個很複雜的問題，沒想到解決得這麼簡單。
還有沒有類似這樣特別的機械，能夠改變運動方式？
再告訴你一個簡單的吧！
這個小傢伙就可以。
哦？好靈巧的小東西。
我知道，這個小東西叫「凸輪」，就是有凸起的固定轉輪。
凸輪轉動起來時，當凸起的部分移動到桿的位置，就會把桿頂起來。
等凸起處經過桿後，桿又會落下來，這樣旋轉運動就轉化為往復直線運動啦！
凸輪也可以有不止一個凸起處，那樣在輪旋轉一周的過程中，桿就會有更多的運動變化。
不過和曲柄不同，凸輪只能用旋轉帶動往復直線運動，而桿無法反過來驅動凸輪。
機械的奧秘真是越學越有趣呢！

旋轉與往復運動的交響曲

你知道嗎？曲柄可以說是一項為人類發展作出重要貢獻的機械。因為科學家瓦特改良了蒸汽機，推動了工業革命，進而推動蒸汽火車跑遍了世界各地。讓蒸汽機可以順利為火車提供動力的就是曲柄。至今，在交通工具上，曲柄依然發揮着至關重要的作用。

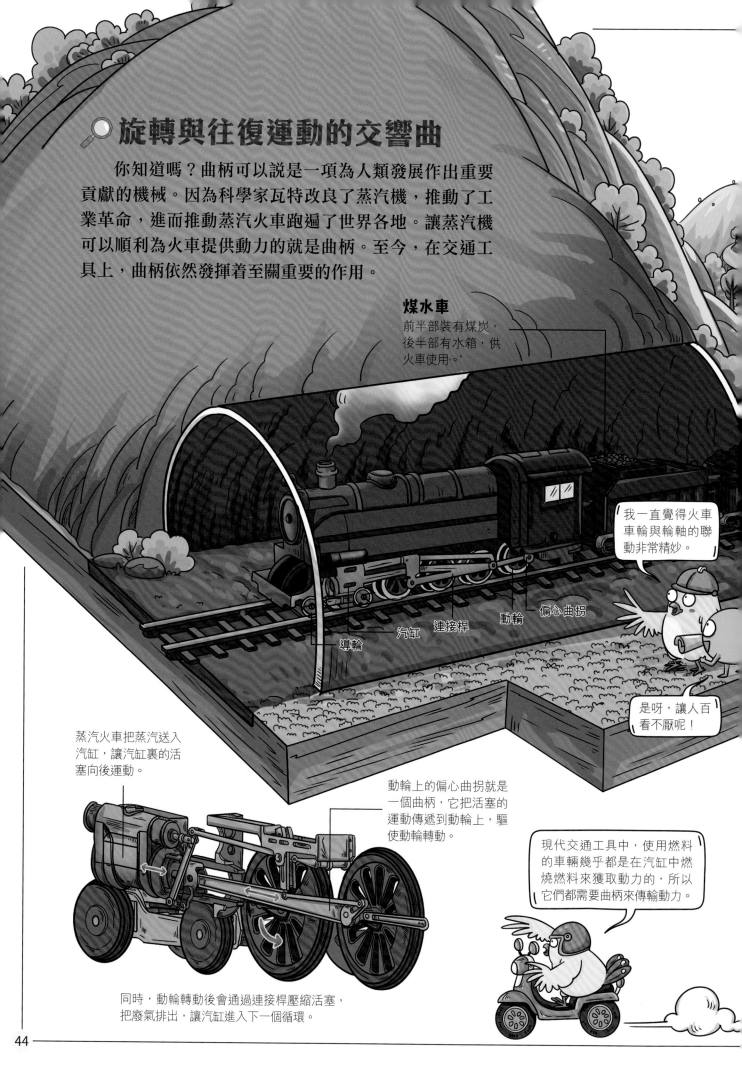

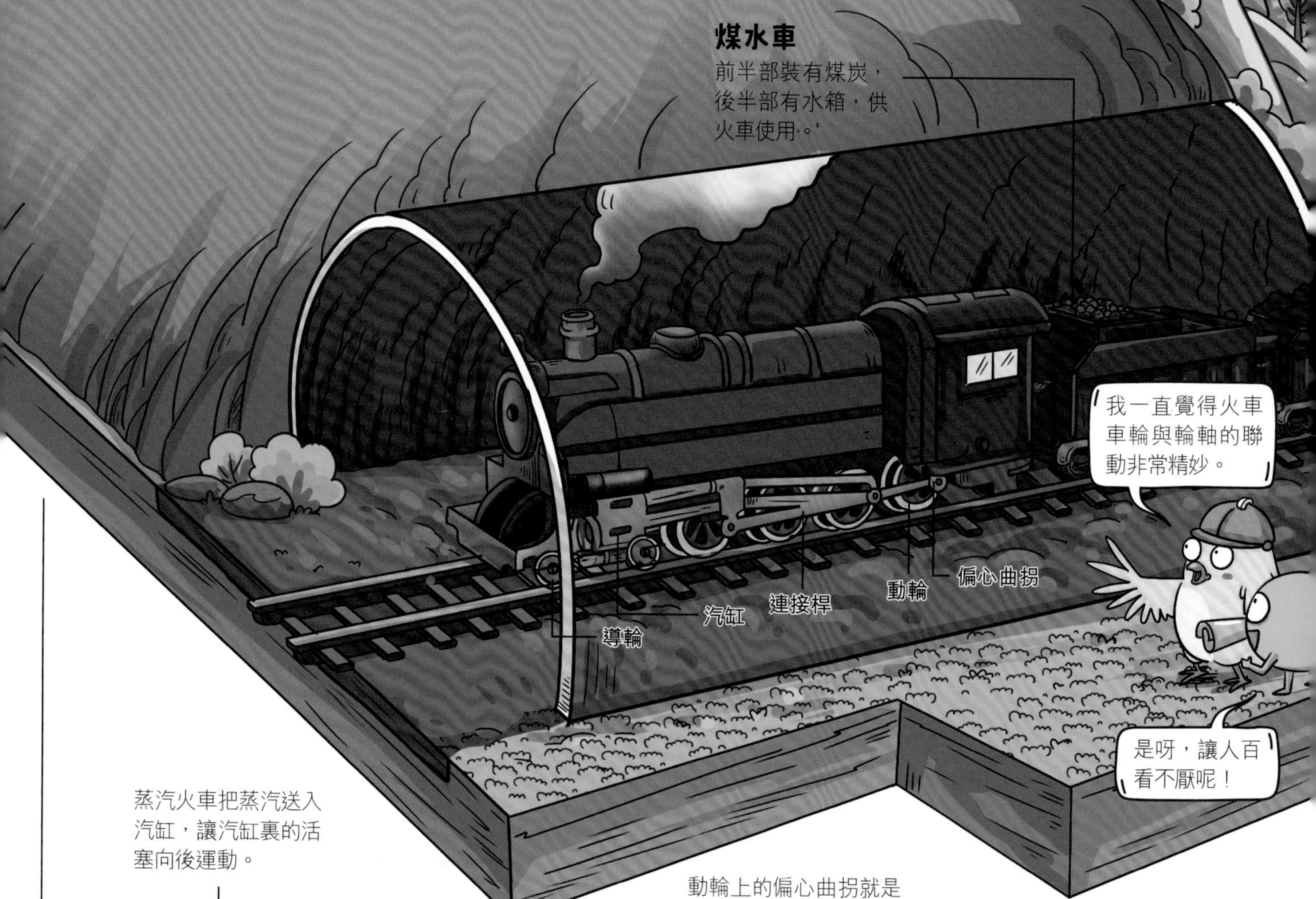

煤水車
前半部裝有煤炭，後半部有水箱，供火車使用。
我一直覺得火車車輪與輪軸的聯動非常精妙。
偏心曲拐
動輪
連接桿
汽缸
導輪
是呀，讓人百看不厭呢！

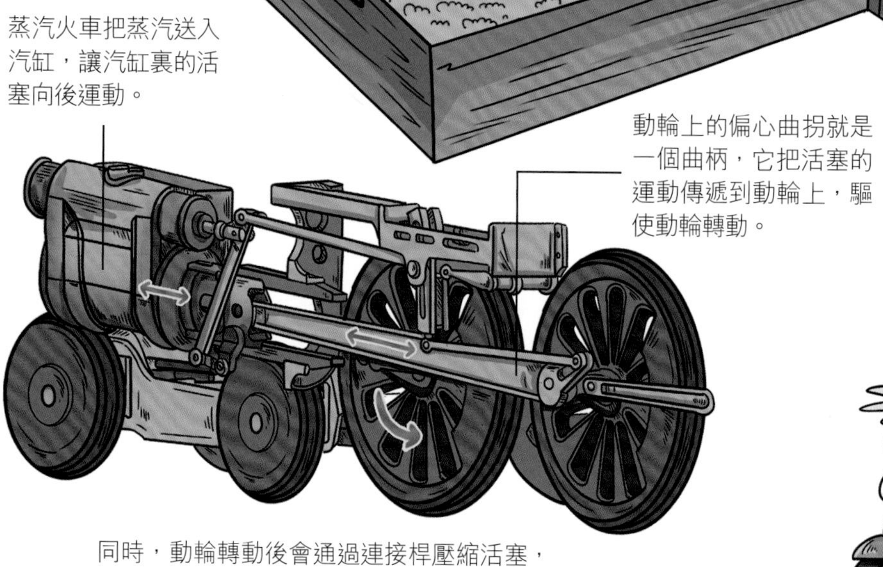

蒸汽火車把蒸汽送入汽缸，讓汽缸裏的活塞向後運動。
動輪上的偏心曲拐就是一個曲柄，它把活塞的運動傳遞到動輪上，驅使動輪轉動。
同時，動輪轉動後會通過連接桿壓縮活塞，把廢氣排出，讓汽缸進入下一個循環。

現代交通工具中，使用燃料的車輛幾乎都是在汽缸中燃燒燃料來獲取動力的，所以它們都需要曲柄來傳輸動力。

水撥

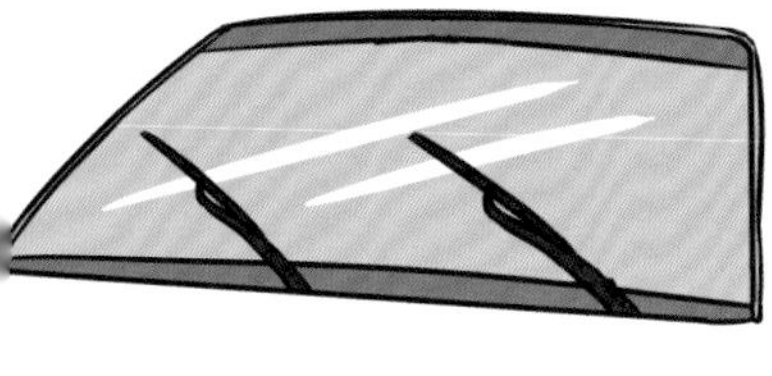

汽車的水撥也使用了曲柄以做出往復運動。由帶有蝸輪的動力軸把動力傳送給曲柄，使曲柄旋轉。

旋轉的曲柄帶動連桿，連桿帶動齒條做往復運動。

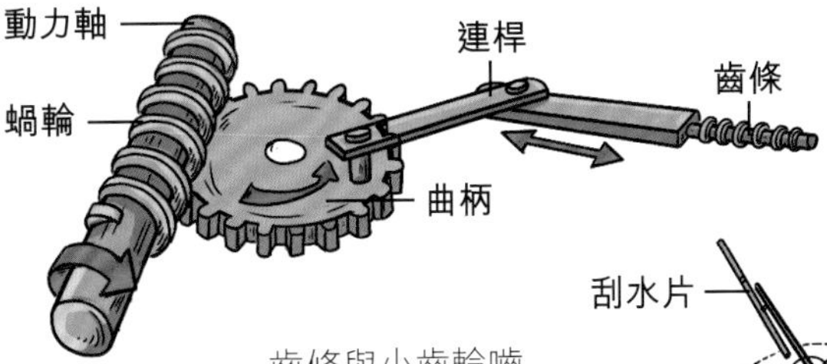

齒條與小齒輪嚙合，讓小齒輪轉動，從而讓刮水片擺動起來。

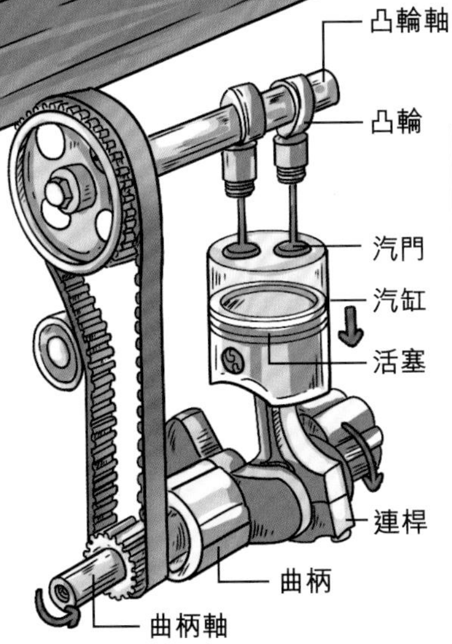

汽車中使用的發動機也有汽缸結構，它的活塞也是做往復直線運動，需要借助曲柄轉化為旋轉的動力。

燃料與空氣混合後在汽缸內燃燒，驅使發動機內的汽缸活塞向下運動，推動連桿進而轉動曲柄，驅動汽車車輪轉動。
曲柄繼續轉動，推動活塞回到原來的位置。

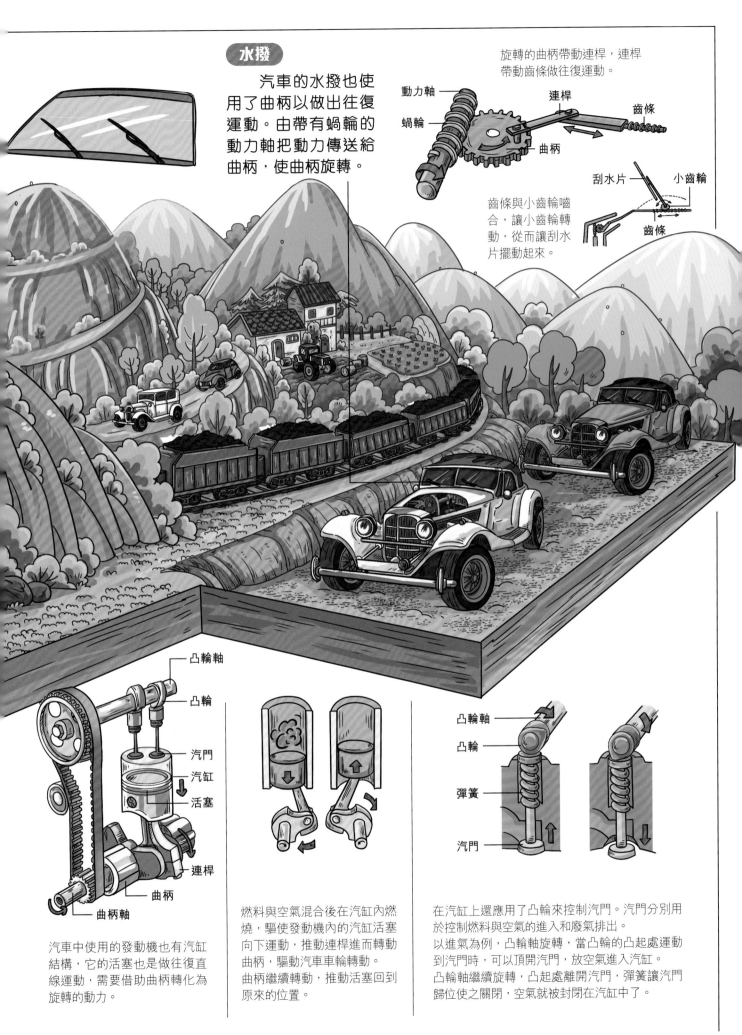

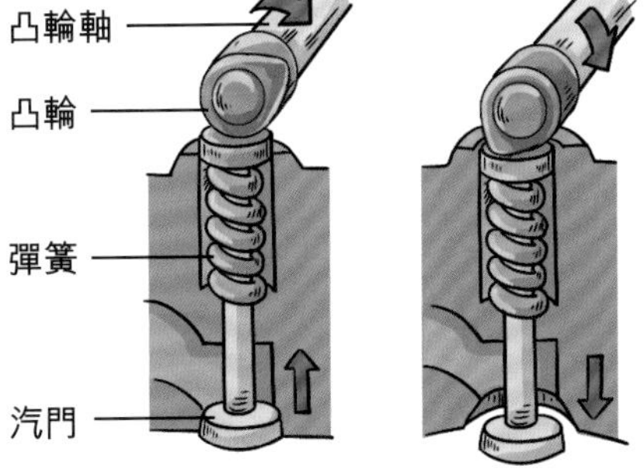

在汽缸上還應用了凸輪來控制汽門。汽門分別用於控制燃料與空氣的進入和廢氣排出。
以進氣為例，凸輪軸旋轉，當凸輪的凸起處運動到汽門時，可以頂開汽門，放空氣進入汽缸。
凸輪軸繼續旋轉，凸起處離開汽門，彈簧讓汽門歸位使之關閉，空氣就被封閉在汽缸中了。

擁有巧妙設計的機械

日常生活中我們會應用到很多機械，它們是怎樣工作的呢？其實它們應用的原理可能很簡單，是機械工程師通過觀察、研究、總結，將物理知識融入其中設計出來的。一個特殊形狀的零件，也許就能讓需求迎刃而解。

捲簾

捲簾可以將簾子固定在任何需要的高度，當我們需要拉下它時，要緩慢地拉動繩索；而想要升起它時，則要快速地拉一下繩索。它是如何區分拉力的呢？其實都是靠其中的棘輪裝置，那是由一個造型特殊的齒輪和棘爪組成的。

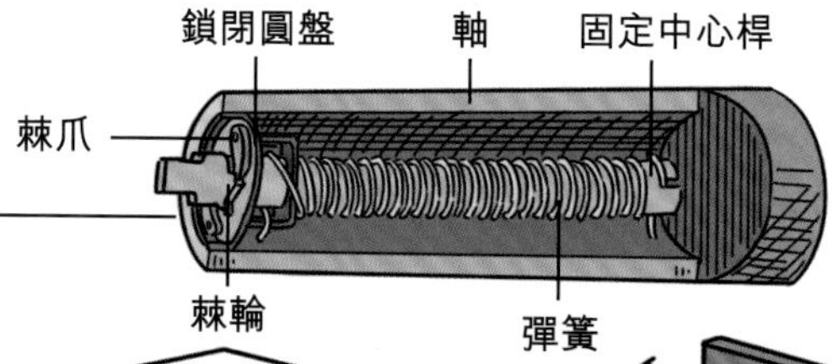

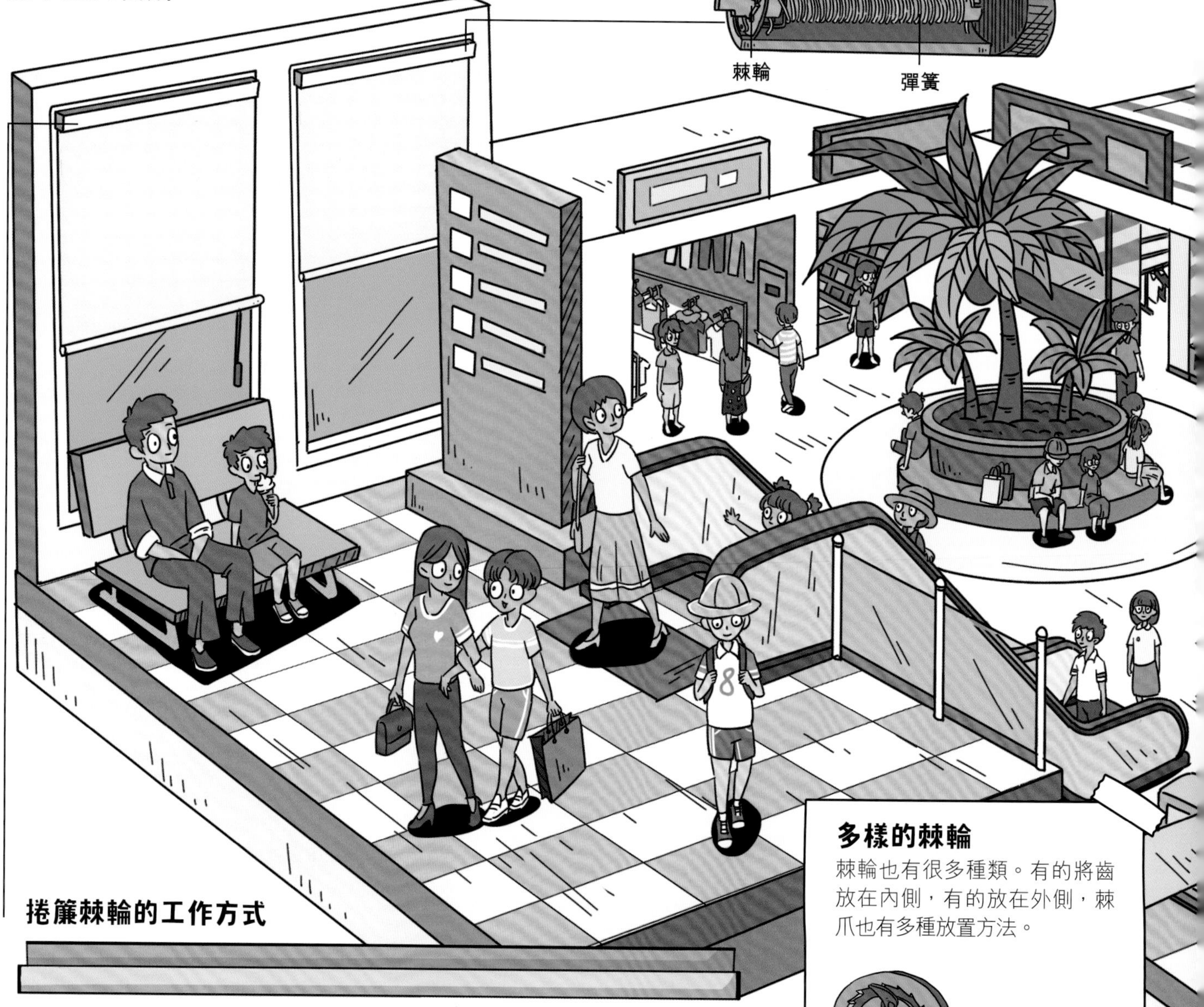

捲簾棘輪的工作方式

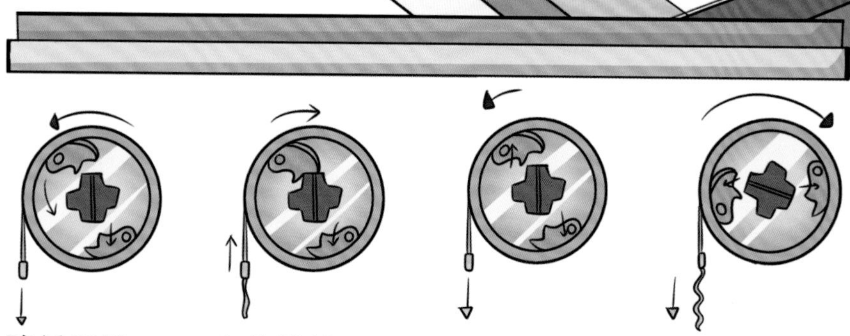

降低捲簾
輕拉繩索，棘爪會環繞棘輪旋轉，從斜面上抬起，滑過棘輪。

定位捲簾
當我們鬆開繩索時，軸內的彈簧會反向旋轉棘輪，棘輪就會被棘爪卡住。

釋放捲簾
快速拉動一下繩索，離心力會讓棘爪靠在周邊圓圈上，這樣棘爪與棘輪就解鎖了。

拉起捲簾
當棘爪與棘輪被解鎖後，彈簧會快速旋轉軸，讓捲簾收回來。

多樣的棘輪

棘輪也有很多種類。有的將齒放在內側，有的放在外側，棘爪也有多種放置方法。

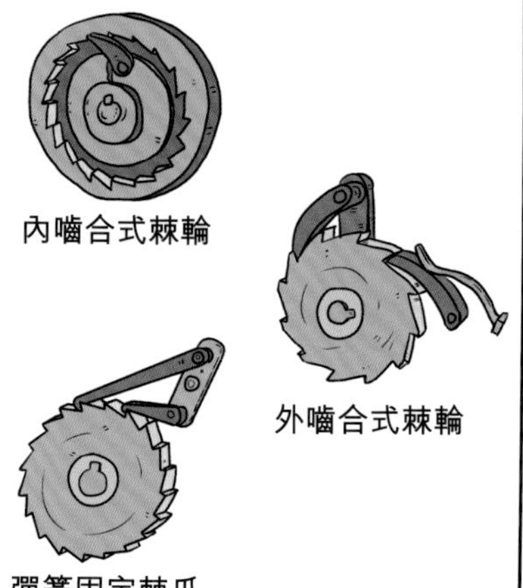

棘輪
棘輪的齒一側為斜面，另一側為垂直甚至是反向傾斜的。
有一定配重的棘爪

扶手電梯的巧妙結構

在扶手電梯上下有驅動輪和返回輪，起滑輪的作用。

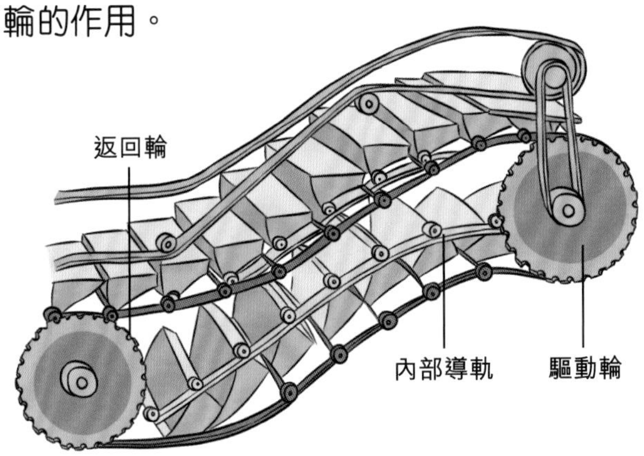
驅動輪帶動電梯移動。
返回輪
內部導軌
驅動輪

每個梯級有着特殊的形狀，它下面有平行於扶手的導軌，可以將梯級調整成供人站立的角度。

單向旋轉的棘輪

我們在車站常會遇到旋轉閘門，它們為何只能單向通行呢？因為其中應用了棘輪。

當棘輪沿正向轉動時，斜面會讓棘爪抬起，這時棘輪可以正常轉動。

但當棘輪想要反向旋轉時，棘爪便會遇到沒有斜面的另一側齒，因為棘爪無法抬起，所以就會把棘輪卡住，阻止反向旋轉。

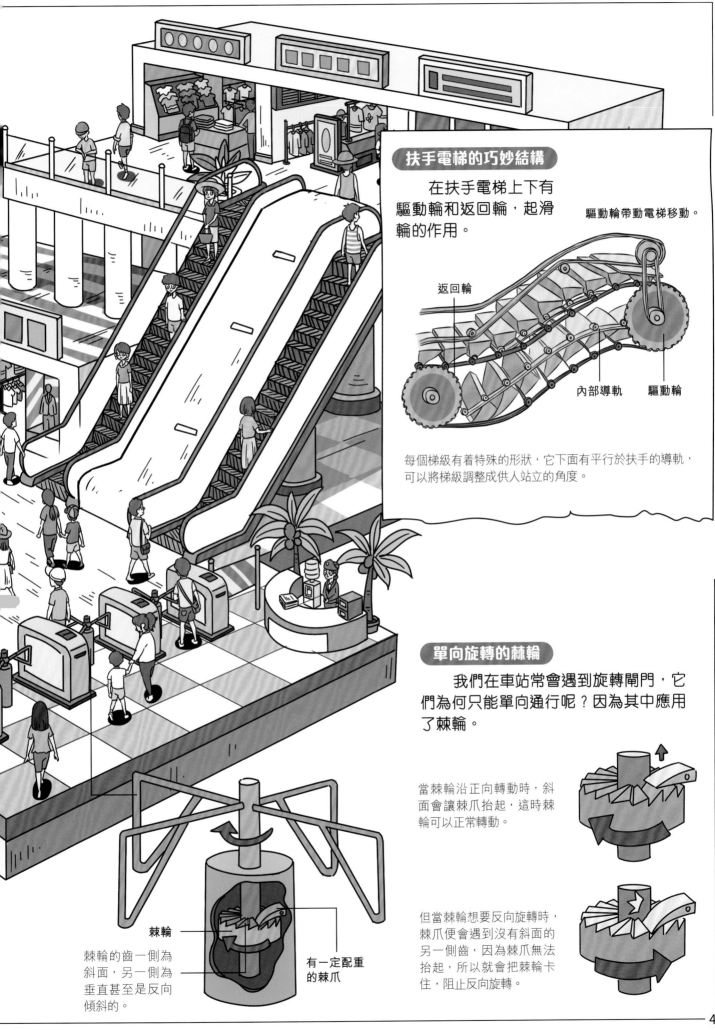

W
F